Introdução à mecânica
da integridade estrutural

FUNDAÇÃO EDITORA DA UNESP

Presidente do Conselho Curador
Herman Jacobus Cornelis Voorwald

Diretor-Presidente
José Castilho Marques Neto

Editor-Executivo
Jézio Hernani Bomfim Gutierre

Conselho Editorial Acadêmico
Alberto Tsuyoshi Ikeda
Áureo Busetto
Célia Aparecida Ferreira Tolentino
Eda Maria Góes
Elisabete Maniglia
Elisabeth Criscuolo Urbinati
Ildeberto Muniz de Almeida
Maria de Lourdes Ortiz Gandini Baldan
Nilson Ghirardello
Vicente Pleitez

Editores-Assistentes
Anderson Nobara
Fabiana Mioto
Jorge Pereira Filho

Introdução à mecânica da integridade estrutural

Viktor A. Pastoukhov
Herman J. C. Voorwald

Fundação para o
Desenvolvimento
da UNESP

Copyright © 1995 by Editora Unesp

Direitos de publicação reservados à:
Editora Unesp da Fundação para o Desenvolvimento
da Universidade Estadual Paulista (Fundunesp)

Praça da Sé, 108
01001-900 – São Paulo – SP
Tel.: (0xx11) 3242-7171
Fax: (0xx11) 3242-7172
www.editoraunesp.com.br
www.livrariaunesp.com.br
feu@editora.unesp.br

Dados Internacionais de Catalogação na Publicação (CIP)
(Câmara Brasileira do Livro, SP, Brasil)

Pastoukhov, Viktor A.
   Introdução à mecânica da integridade estrutural/
Viktor A. Pastoukhov, Herman J. C. Voorwald. – São
Paulo: Editora da Universidade Estadual Paulista,
1995. (Ciência & Tecnologia)

   Bibliografia.
   ISBN 85-7139-080-0

   1. Engenharia mecânica 2. Mecânica I. Voorwald
Herman J. C. II. Título.

95-0381
                        CDD-621

Índice para catálogo sistemático:
1. Mecânica de integridade estrutural: Engenharia
mecânica 621

Prefácio

Para evitar as falhas dos elementos estruturais, o engenheiro de manutenção necessita de critérios para avaliar o atual estado do material, relacionando-o às condições determinadas de carregamento, temperatura e meio ambiente. O engenheiro projetista precisa de métodos para a escolha do material adequado, prevendo as situações críticas, para garantir o aumento da resistência da estrutura. Tais critérios e métodos são desenvolvidos pelas pesquisas na área da integridade estrutural, começando pela análise de casos de falhas estruturais, compreensão dos micromecanismos e processos fundamentais de deformação e fratura. O conhecimento das propriedades mecânicas do material e as condições de carregamento permitem investigar o estado de tensão num elemento considerado, com o objetivo de formular o critério de fratura local ou total para otimização do projeto. A grande variedade dos materiais e as condições operacionais dificultam a análise microestrutural e macromecânica, relacionada à complicada geometria dos elementos com furos, trincas e outros concentradores de tensão. Deve-se observar, no entanto, que estes estudos levam, muitas vezes, a métodos e concepções de validade restrita. Nessas situações é necessário orientar-se bem em bases teóricas e em amplo espectro de problemas já conhecidos da integridade estrutural. Os engenheiros que buscam estes conhecimentos nos cursos de pós-graduação enfrentam algumas dificuldades relacionadas à falta de literatura correspondente. Um bom manual dedicado à aplicação da ciência dos materiais e à classificação dos casos da fratura está disponível em português (P. R. Cetlin, P. S. P da Silva, *Análise de Fraturas*, ABM, 1988), entretanto, o lado mecânico dos problemas de integridade estrutural demanda uma maior profundidade.

Infelizmente, a apostila do curso "Mecânica da Fratura" elaborada pelo Prof. Dr. F. L. Bastian, que possui uma excelente abordagem sobre esses assuntos, foi utilizada apenas para uso da COPPE-UFRJ.

Na literatura científica mundial, os manuais e monografias sobre mecânica e física da fratura estão disponíveis em grande número. Uma publicação preparada por vários autores e editada por H. Liebowitz (*Fracture*, Academic Press, 1968-1972, 7v.), contendo diversas revisões e monografias importantes, destaca-se por ser ampla e bastante abrangente. Entretanto, para o estudo desse trabalho é necessário algum conhecimento preliminar. De modo geral, as monografias estão voltadas aos problemas de interesse científico dos autores. Tais trabalhos são muito bons para o aperfeiçoamento dos pesquisadores nas áreas correspondentes, porém, diante de um grande volume de informação de carácter especializado, pode dificultar o entendimento dos fundamentos e o conhecimento geral para um leitor inexperiente. Entre exceções que podem ser recomendadas para um curso inicial, estão os livros publicados em inglês por J. F. Knott (*Fundamentals of Fracture Mechanics*, Butterworth, 1973; 1976; 1979), D. Broek (*Elementary Engineering Fracture Mechanics*, Nijhoff, 1978; 1986; *Practical Use of Fracture Mechanics*, Kluwer Academic Publishers, 1988; 1989; 1991;), H. L. Ewalds & R. J. H.Wahnill (*Fracture Mechanics*, Edward Arnold & Delftse Uitgevers Maatschappij, 1984; 1986)., S. A. Meguid (*Engineering Fracture Mechanics*, Elsevier Applied Science, 1989). Uma situação análoga é observada na literatura publicada em russo. Somente um manual básico é disponivel (I. E. Kershtein et al., *Mecânica da Fratura Experimental*, Universidade Federal de Moscou, 1989). Existem, também, várias monografias especiais bastante conhecidas, inclusive, traduzidas para o inglês: G. P. Cherepanov, *Mechanics of Brittle Fracture*, McGraw-Hill, 1979 (recomendado para o estudo de integrais invariantes da mecânica da fratura); V. Z. Parton & E.M. Morozov, *Mechanics of Elastic-Plastic Fracture*, Hemisphere, 1989 (recomendado para o estudo de métodos das funções complexas e equações integrais na mecânica da fratura).

O objetivo do presente livro, baseado nos cursos ministrados pelos autores, na Faculdade de Engenharia de Guaratinguetá, Universidade Estadual Paulista "Júlio de Mesquita Filho", é servir como um manual básico de pós-graduação em engenharia, que forneça o entendimento de fundamentos e uma visão geral da mecânica de integridade estrutural. Os autores tentaram englobar a mecânica clássica da fratura e os importantes problemas existentes, sem se aprofundar demais em detalhes, que prejudicariam o desejo de fornecer um trabalho globalizado e compacto. Para o leitor, que deseje se aperfeiçoar nos diversos tópicos propostos, fornecemos nos finais dos capítulos uma bibliografia complementar.

Agradecemos à Fundação de Amparo a Pesquisas do Estado de São Paulo (Fapesp), que tornou possível o trabalho conjunto por meio do processo 92/2770-0. Agradecimentos especiais são devidos ao Prof. C. P. M. Pereira (FEG/Unesp), pela importante colaboração na revisão técnica do texto.

Agradecemos também a todas as pessoas que ajudaram de forma direta ou indireta neste trabalho, particularmente ao Prof. Dr. F. L. Bastian (COPPE-UFRJ), Prof. Dr. V. I. Astafiev (Universidade Federal de Samara, Rússia), Prof. Dr. C. Moura Neto (ITA, S. J. dos Campos), Prof. Dr. L. R. Carrocci, e Prof. M. A. S. Torres (FEG/Unesp), Prof. C. A. R. P. Baptista (Faenquil), pelas discussões e comentários sobre o projeto e conteúdo do livro; aos funcionários do Polo Computacional da FEG/Unesp pela ajuda no preparo do manuscrito e, finalmente, às nossas familias pelo entendimento e apoio.

Os Autores
junho de 1994.

Sumário

1 Origem e fundamentos   11

  1.1 Objetivo e métodos da mecânica da integridade estrutural. Termos e conceitos principais   13

  1.2 Notação e parâmetros principais da mecânica dos sólidos   17

  1.3 Comportamento mecânico dos materiais estruturais   24

  1.4 Resistência teórica dos metais. Concentração de tensão   32

  1.5 Formulação dos problemas de contorno da mecânica dos sólidos. Modos geométricos da fratura   37

  1.6 Referências bibliográficas   43

2 Bases da mecânica linear da fratura   45

  2.1 Conceito de Griffith   46

  2.2 Distribuição de tensões em corpo com trinca   49

  2.3 Cisalhamento antiplano (Modo III)   53

  2.4 Tração (Modo I)   58

  2.5 Cisalhamento plano (Modo II)   62

  2.6 Tenacidade à fratura   63

  2.7 Fratura quase-frágil   68

  2.8 Referências bibliográficas   76

3 Elementos da mecânica não linear da fratura 77

3.1 Zona plástica nas vizinhanças da ponta da trinca sob escoamento desenvolvido 78
3.2 Modelo da trinca com zona plástica fina 81
3.3 Critério deformacional da fratura. Abertura crítica na ponta da trinca 86
3.4 Integral "J" 90
3.5 Campos assintóticos de tensão em material não linear 95
3.6 Critérios energéticos e multiparamétricos. Curvas "R" 97
3.7 Fratura em presença da fluência 104
3.8 Referências bibliográficas 107

4 Fratura por carregamento cíclico 109

4.1 Carregamento periódico em estruturas 110
4.2 Fadiga de metais. Curvas "S-N" 114
4.3 Teorias de dano acumulado por fadiga cíclica 117
4.4 Nucleação e propagação das trincas: observações experimentais 125
4.5 Propagação das trincas: modelos para amplitude constante 132
4.6 Propagação das trincas: modelos para amplitude variável 136
4.7 Referências bibliográficas 144

5 Introdução à mecânica do dano contínuo 147

5.1 Parâmetro escalar do dano 148
5.2 Fratura de tubo de parede grossa em condições da fluência 151
5.3 Conceitos avançados da mecânica do dano 158
5.4 Propagação subcrítica da trinca à fluência 163
5.5 Tensão nas vizinhanças da ponta da trinca 172
5.6 Referências bibliográficas 175

6 Conclusões 177

6.1 Observações relacionadas a diversos materiais estruturais 177
6.2 Observações relacionadas aos critérios da fratura 182

Anexo
Alguns fatores de intensidade de tensão 187

1 Origem e fundamentos

A falha de um componente estrutural ocorre quando este não mais funciona como foi projetado. Para as estruturas mecânicas isso significa, geralmente, que um componente não suporta o carregamento aplicado. Este fenômeno indesejável pode ter formas diversas: ruptura parcial ou total, desgaste, deformação excessiva, perda da estabilidade etc. e resulta da ação isolada ou combinada de carregamento (estático, cíclico ou variável), temperatura e influência do meio ambiente. O conhecimento das possíveis falhas que podem ocorrer é fundamental para o não comprometimento do projeto. A necessidade de se prever as falhas em componentes mecânicos apareceu desde a construção das primeiras estruturas de engenharia, tais como: prédios, pontes, veículos, armas etc. Esse problema foi tradicionalmente resolvido de forma empírica, pelas experiências anteriores e pelos dados existentes. A solução para tais casos dependia da escolha adequada do material e da forma do elemento estrutural.

Um novo conceito de projeto tornou-se necessário com o desenvolvimento técnico, principalmente com o invento da máquina a vapor e do transporte mecânico. Nesta época começou a investigação sistemática da resistência dos materiais, que resultou em métodos desenvolvidos para o projeto estrutural.

O progresso técnico resulta na aplicação de novos materiais estruturais, operando em condições diversas de carregamento, temperatura e meio ambiente. A previsão de possível falha estrutural se torna um problema cada vez mais importante e complicado. O papel crescente da técnica na vida humana, aumenta a responsabilidade do projeto e o custo dos possíveis erros.

Durante o século XIX, com o amplo uso dos metais na engenharia, ocorreu um grande número de acidentes com prejuízos humanos e materiais. Em particular, com projetos inadequados e com o desconhecimento das propriedades do material e, ainda, devido à influência dos defeitos e das trincas no comportamento mecânico das estruturas, resultou num grande número de acidentes ferroviários. Por exemplo, as fraturas em rodas, eixos e trilhos, provocavam a morte de aproximadamente 200 pessoas por ano nas décadas de 1860 e 1870, na Grã-Bretanha.

Com a utilização crescente da solda em componentes mecânicos e estruturas de engenharia, passaram a ocorrer uma série de acidentes com navios e pontes, principalmente no período compreendido entre 1940 e 1960. Entre os acidentes mais conhecidos, devem ser citados os navios "Liberty", construídos durante a Segunda Guerra Mundial, alguns dos quais se partiram em dois, enquanto outros apresentaram sérias falhas. Um outro exemplo famoso é a fratura da ponte soldada Point Pleasant, na cidade de mesmo nome, West Virgínia, Estados Unidos. O acidente, que aconteceu em 15 de dezembro de 1967, custou a vida de 46 pessoas.

A utilização de materiais de alta resistência, principalmente na indústria aeronáutica, aumentou de forma considerável após a Segunda Guerra Mundial, objetivando a diminuição no peso total das estruturas. Nesta linha, as ligas de alumínio têm uma importância fundamental, devido ao fenômeno do endurecimento por precipitação, que possibilita uma elevada relação resistência/peso. Atualmente mais de 70% do peso das estruturas aeronáuticas são construídas com ligas de alumínio de alta resistência, entre as quais destacam-se as ligas 7075-T6 e 2024-T3, consideradas básicas, por serem utilizadas como referência para o desenvolvimento de novas ligas. Nos últimos anos, os atuais requisitos de projeto indicam a necessidade do desenvolvimento de novos materiais com uma ótima combinação de propriedades mecânicas. O uso de ligas de Al-Li, em substituição das atuais, pode reduzir o peso estrutural em 7% a 15% e aumentar a resistência mecânica. Geralmente, os materiais chamados "de alta resistência", por sua alta capacidade de carga estática, têm uma vida restrita de funcionamento. As falhas dos componentes estruturais ocorrem por ação do carregamento cíclico, comum em estruturas com elementos rotativos e, também, devido à temperatura elevada a que estão submetidas.

O desenvolvimento de novos materiais estruturais, com o objetivo de obter determinadas propriedades mecânicas, é uma característica importante da técnica moderna. Atualmente, destacam-se os vários materiais compostos que adicionam vantagens aos elementos básicos. Uma microestrutura complicada determina uma grande variedade das propriedades mecânicas e dos problemas da integridade estrutural.

Na indústria moderna é maior a responsabilidade na previsão de falha estrutural. As normas extremamente rígidas de segurança na geração da energia, especialmente nuclear, indústria química e petroquímica, aeronáutica e outras áreas excluem a previsão baseada somente na experiência de funcionamento. Para desenvolver um projeto adequado é necessário o conhecimento de condições e propriedades dos processos, que podem provocar a falha do elemento estrutural. Esses processos são a deformação e a desintegração do elemento e/ou da estrutura.

Os projetistas devem escolher o material apropriado para condições específicas de funcionamento, reconhecendo que cada classe de materiais possui um conjunto próprio de vantagens e desvantagens e de métodos para a análise do comportamento mecânico e da integridade.

1.1 Objetivo e métodos da mecânica da integridade estrutural. Termos e conceitos principais

A necessidade de previsão e prevenção de falhas em construções mecânicas estimulou as pesquisas do fenômeno da fratura. O termo "fratura" significa a perda da integridade do corpo sólido, separação em duas ou mais partes. Os problemas da fratura em materiais e estruturas estão sendo estudados por diversas esferas científicas: física dos sólidos, mecânica dos sólidos, ciência dos materiais, ciências legislativas, da segurança do trabalho e outras. O aspecto mecânico do fenômeno é um objetivo do estudo da *mecânica da integridade estrutural* (ou simplesmente *mecânica da fratura*), que utiliza hipóteses e métodos da mecânica dos corpos sólidos.

A hipótese principal da mecânica dos sólidos é o modelo do *meio contínuo*. A microestrutura física real não é considerada na mecânica dos sólidos. Esta estuda a deformação em elementos estruturais que têm dimensões muito superiores a escala da microestrutura atômica. A hipótese do meio contínuo assume que o material preenche initerruptamente todo o volume do corpo. Para cada ponto material existe um outro correspondente em cada distância infinitesimal. Este modelo básico permite descrever o estado dos elementos estruturais por parâmetros contínuos e equações correspondentes e aplicar, para resolução dos problemas mecânicos, os métodos poderosos de cálculos diferencial e integral. Desse modo, foram conseguidos muitos resultados importantes para o cálculo de estruturas mecânicas e nova tecnologia. A solução desses problemas por métodos físicos leva em consideração o estudo e o procedimento de uma quantidade astronômica de elementos da microestrutura física. Para isso é indispensável executar um grande número de operações matemáticas que, frequentemente, excede às facilidades de equipamento computacional.

Assim como os métodos analíticos e numéricos (computacionais) da mecânica dos sólidos, a mecânica da integridade estrutural usa também métodos experimentais. Estes métodos são muito importantes para a obtenção de noções elementares sobre os fenômenos estudados para verificação das hipóteses, teorias e para determinação dos valores dos inúmeros parâmetros utilizados. A natureza complexa da fratura dos sólidos e os insuficientes fundamentos teóricos das hipóteses determinam o importante papel dos métodos experimentais na mecânica da fratura.

Pela mesma razão, a interação com outras áreas científicas tem uma grande importância. Os métodos mencionados da mecânica da integridade estrutural não impedem a utilização de resultados e conclusões de metalografia, física dos sólidos e outras ciências. Por exemplo, os fenômenos microestrutrais (aparecimento e crescimento de microtrincas, microporos, deslizamento de discordâncias, transições de fases etc.) podem ser descritos por parâmetros contínuos na escala dos elementos estruturais.

Atualmente, o conhecido termo *mecânica da fratura* é utilizado em sentidos diferentes. Enquanto a desintegração dos corpos sólidos ocorre por propagação de macrotrincas, a mecânica da fratura é fundamentalmente a mecânica das trincas. Num sentido mais amplo a mecânica da fratura estuda, ao mesmo tempo, outros tipos de falhas estruturais, tais como: perda da integridade estrutural sem aparecimento das microtrincas, perda de estabilidade, deformação inadmissível etc. Neste livro serão considerados os problemas básicos de mecânica das trincas e também alguns outros modos de perda da integridade estrutural.

O objetivo principal dos problemas tradicionais da mecânica da fratura é determinar um limite de capacidade de carga, e o parâmetro principal é o valor da carga crítica. Pesquisas sobre a influência dos entalhes, cortes, riscos e outros defeitos, resultam em uma nova formulação para os problemas: determinar a dimensão crítica de defeitos para certas condições de carga. A mecânica da fratura clássica considera a falha dos sólidos como um processo instantâneo, que pode ocorrer sob certas condições. Desse modo todos os problemas tradicionais podem ser expressos pela pergunta de Hamlet: *To be or not to be*? ("Ser ou não ser?") sobre a estrutura ou o material.

A moderna mecânica da integridade estrutural dedica uma maior atenção ao processo da fratura, que pode ser muito lento. As pesquisas sobre a dependência da fratura com o tempo são muito importantes para o cálculo de elementos estruturais que trabalham sob condição de alta temperatura ou carga cíclica. Assim, além da pergunta tradicional, hoje a mecânica da fratura tem uma questão adicional: "A falha ocorrerá depois de quanto tempo?" sobre a vida da estrutura ou do material.

O desenvolvimento nas áreas científicas resulta em uma terminologia específica. As ciências mais desenvolvidas usam efetivamente métodos matemáticos e baseiam-se em modelos e conceitos fundamentais. O objetivo dos modelos e conceitos é a idealização de natureza real, de maneira a destacar as propriedades mais importantes, e, substituir o fenômeno estudado por uma imagem simplificada para descrição e análise matemática. Na mecânica da fratura uma primeira ideia básica é o referido modelo do meio contínuo.

Outra hipótese utilizada na mecânica dos sólidos é o princípio de *superposição*, que será aplicado com algumas restrições. Este princípio assume a independência de ação das forças externas e permite considerar um estado de tensão e deformação como função linear dos estados sob tipos básicos de carregamento.

Considerando os corpos com trincas, a questão principal é a distribuição de forças internas. Por isso, as forças externas geralmente são consideradas como constantes, ignorando as possíveis flutuações com o tempo. A influência de carregamentos aleatórios, bem como de distribuição não uniforme das propriedades do material, na resistência à fratura e na vida útil é investigada utilizando os métodos probabilísticos e o conhecimento do comportamento de materiais idealizados sob carregamentos constantes, quase-constantes e periódicos.

A próxima idealização importante relaciona-se com a geometria dos defeitos e das trincas. Considera-se a superfície destes como idealmente suave, e a forma como um *corte infinitamente fino* ou, algumas vezes como *elipse*. Geralmente, os processos da fratura (cisalhamento heterogêneo, crescimento, coalescência de poros etc.) estão localizados nas vizinhanças da trinca. O estado dessa zona não é considerado pela mecânica da fratura clássica e a superfície entre a zona da fratura e o material contínuo, não danificado, é considerado como a *superfície da trinca*. Esta idealização é possível pelo fato da dimensão da zona da fratura ser muito pequena em comparação com as dimensões do corpo sólido e da trinca.

Uma linha, que une as superfícies da trinca, chama-se *frente da trinca* ou *frente da fratura*. Na idealização plana de um corpo com trinca as superfícies da trinca se tornam linhas e a frente da fratura corresponde à *ponta da trinca*.

A área da superfície de uma trinca é considerada não decrescente, por conseguinte, a propagação da trinca é um processo irreversível.

Os principais problemas da mecânica da fratura podem ser representados de duas formas: 1. classificar o estado de um elemento estrutural como admissível ou como crítico; 2. determinar as condições do "estado crítico". O "estado crítico", em sentido clássico, é um estado que corresponde à propagação da trinca. Em outro conceito, esse é um estado de falha estrutural que pode ocorrer devido ao desenvolvimento da trinca ou sem a formação das trincas principais. O critério do estado crítico pode ter formas diferentes, dependendo do material, meio ambiente, tipo da carga externa, estágio de propagação da trinca etc.

O processo da fratura pode ser *estático* ou *dinâmico* (alta taxa de propagação da frente da fratura). A carga mecânica e outros tipos de carga externa são supostos, geralmente, como quase-estáticos e não decrescentes. As exceções importantes são: os problemas dinâmicos da mecânica da fratura e a mecânica da fadiga cíclica, nos quais os efeitos dos carregamentos dinâmicos são estudados.

A maioria dos materiais estruturais metálicos tem, além da microestrutura atômica, uma subestrutura. A sua escala é muito maior do que a atômica mas, também, muito menor do que as dimensões dos elementos estruturais. Esta segunda estrutura é um resultado de processos metalúrgicos e depende de parâmetros tecnológicos. Durante a solidificação do metal fundido formam-se os grãos do material relativamente puro, que tem uma estrutura atômica quase-ideal. As anomalias químicas e físicas concentram-se nas fronteiras dos grãos cristalinos. Considerando um elemento mecânico da escala superior verifica-se que a orientação aleatória dos cristais determina a independência das propriedades mecânicas da direção (isotropia). As tecnologias modernas permitem realizar uma solidificação orientada ou produzir, por outras vias, materiais anisotrópicos para aplicações especiais. O estudo do comportamento mecânico destes materiais é mais complicado do que o dos materiais isotrópicos e não será considerado neste trabalho.

A noção de segunda estrutura granular permite introduzir dois termos importantes da mecânica da fratura: "fratura frágil" e "fratura dúctil". Estes termos refletem o modo da fratura e podem ter um sentido local ou global.

Em nível local, a "fratura frágil" dos metais ocorre via fronteiras ou quebra dos grãos. Estes mecanismos da fratura são caracterizados por um consumo de energia relativamente pequeno. A "fratura dúctil" demanda uma maior quantidade de energia. Esta ocorre, geralmente, por crescimento e coalescência dos microporos, movimento das discordâncias etc. e transforma consideravelmente a estrutura granular. O modo frágil e o modo dúctil podem ser identificados via observação da superfície da fratura. A estrutura granular clara desta superfície é um indício da fratura frágil. Para fratura dúctil, uma estrutura fibrosa é mais facilmente observada do que a granular.

Em nível global, a fratura dúctil é acompanhada de significativa deformação inelástica e pode se desenvolver devagar. Depois da fratura, é praticamente impossível recompor completamente as partes do corpo. A fratura frágil ocorre sem deformações significativas e, geralmente, mais rápida.

Os termos "frágil" e "dúctil" refletem somente a tendência dominante. Um processo da fratura real pode ter características frágeis e dúcteis simultaneamente. Não existe correspondência rigorosa entre os modos da fratura local e global. Por exemplo, uma fratura frágil em nível global, pode ter significativos indícios dúcteis em nível local.

1.2 Notação e parâmetros principais da mecânica dos sólidos

Como foi mencionado, a mecânica da fratura é uma parte específica da mecânica dos sólidos, que se baseia em seus conceitos fundamentais. A concepção básica do meio contínuo permite utilizar métodos matemáticos desenvolvidos. A utilização da notação vetorial e tensorial ocorre na mecânica dos sólidos. A seguir, serão apresentadas as definições básicas da notação.

Sistemas de coordenadas

A posição do ponto material no espaço está caracterizada por suas coordenadas em vários sistemas. O sistema de coordenadas mais difundido é o sistema linear reto de Descartes. Vamos representar as coordenadas deste sistema por x, y, z ou x_1, x_2, x_3. Para a solução dos problemas planos usaremos também o sistema de coordenadas polares (r, θ), onde "r" é o comprimento do segmento entre um ponto e o centro das coordenadas e "θ" é o ângulo entre este segmento e alguma direção referencial.

Vetor

É um objeto invariante (independente do sistema de coordenadas), caracterizado por três parâmetros escalares (componentes) em cada sistema: a_i (i = 1,2,3). Essas componentes serão transformadas, segundo uma determinada lei, de um sistema de coordenadas a outro. Um vetor pode ser considerado como *tensor de ordem (posto) um* e apresentado pelas componentes a_i ou, em notação vetorial, $\bar{a}$.

Tensor de ordem (posto) dois

É um objeto invariante, caracterizado por nove parâmetros escalares (componentes), que serão transformados de um sistema de coordenadas a outro segundo uma determinada lei. Na forma de índice, o tensor de ordem dois tem a seguinte imagem: a_{ij} (i, j = 1,2,3). Tensores de ordens maiores, assim como a notação tensorial, geralmente não são utilizados na mecânica da fratura de materiais isotrópicos.

Para uma apresentação compacta das fórmulas será utilizado o símbolo do Kronecker:

$$\delta_{ij} = \begin{cases} 0, & i \neq j \\ 1, & i = j \end{cases} \tag{1.1}$$

onde os índices i, j podem ter valores 1,2,3.

Se um tensor ou um produto tensorial tem um índice repetido, a soma por este índice de 1 até 3 é suposta. Os casos contrários serão especialmente identificados.

Por exemplo:

$$a_{ii} = \sum_{i=1}^{3} a_{ii} = a_{11} + a_{22} + a_{33};$$

$$a_{ii}b_{ij} = \sum_{i=1}^{3} a_i b_{ij} = a_1 b_{1j} + a_2 b_{2j} + a_3 b_{3j}, (j = 1, 2, 3)$$

$$a_{ii}b_{ij} = \sum_{i=j}^{3}\sum_{j=1}^{3} a_{ij} b_{ij} = a_{11}b_{11} + a_{12}b_{12} + a_{13}b_{13} +$$
$$+ a_{21}b_{21} + a_{22}b_{22} + a_{23}b_{23} +$$
$$+ a_{31}b_{31} + a_{32}b_{32} + a_{23}b_{23} +$$
$$a_{ii}b_{ij} = \sum_{i=1}^{3} a_{ii} \sum_{j=1}^{3} b_{ij} = (a_{11} + a_{22} + a_{33})(b_{11} + b_{22} + b_{33})$$

A apresentação de tensores e a transformação destas componentes nos sistemas de coordenadas não lineares é um objetivo da geometria diferencial e da análise tensorial. O leitor que se interessar por esses problemas pode se dedicar aos livros correspondentes (por exemplo Mc Connel, 1946; Sokolnikoff, 1951, 1958).

Transformação linear de coordenadas

É determinada por uma matriz quadrada $\| \ell_{ij} \|$ (det $\| \ell_{ij} \| \neq 0$). As fórmulas para as componentes do vetor no novo sistema de coordenadas têm a seguinte forma:

$$\begin{cases} a_1' = \ell_{11}a_1 + \ell_{12}a_2 + \ell_{13}a_3 \\ a_2' = \ell_{21}a_1 + \ell_{22}a_2 + \ell_{23}a_3 \\ a_3' = \ell_{31}a_1 + \ell_{32}a_2 + \ell_{33}a_3 \end{cases} \quad (1.2)$$

(onde a_i são as componentes no sistema inicial) ou, na forma compacta:

$$a_1' = \ell_{ij} a_j \quad (1.3)$$

A transformação dos componentes de tensor tem a forma:

$$a_{ij}' = \ell_{ik}\, \ell_{jm}\, a_{km} \quad (1.4)$$

A seguir, serão considerados os principais parâmetros vetoriais e tensoriais da mecânica dos sólidos.

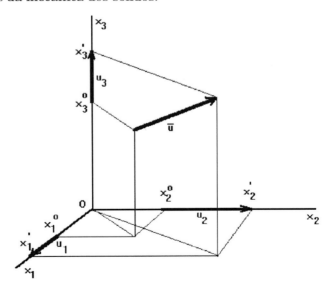

FIGURA 1.1 – Vetor do deslocamento.

Vetor do deslocamento

A transformação do meio contínuo de uma configuração inicial a uma nova configuração (deformação) é descrita por um campo de deslocamento $u_i(x_1^0, x_2^0, x_3^0)$, (i = 1, 2, 3), onde $u_i = x_i' - x_i^0$, x_i^0, – coordenadas iniciais do ponto material, x_i' – novas coordenadas (depois da deformação). O exemplo do vetor do deslocamento é apresentado na Figura 1.1. Segundo a definição, as componentes de deslocamento u_i têm uma dimensão de comprimento.

Tensor da deformação

A deformação de meio contínuo é caracterizada também pelo tensor da deformação ε_{ij} (i, j = 1, 2, 3). Para deformações relativamente pequenas, a relação entre o tensor da deformação e o vetor do deslocamento expressa-se pelas equações de Cauchy:

$$\varepsilon_{ij} = \frac{1}{2}\left(\frac{\partial u_i}{\partial x_j} + \frac{\partial u_j}{\partial x_i}\right) \qquad (1.5)$$

Em razão da simetria do lado direito com respeito aos índices "i" e "j", $\varepsilon_{ij} = \varepsilon_{ji}$ e o tensor da deformação ε_{ij} tem apenas seis componentes independentes. Segundo a definição (1.5), as componentes da deformação são quantidades adimensionais.

Para deformações finitas, o tensor da deformação pode ser introduzido também de modos diversos. Estas definições e as restrições da definição (1.5) são consideradas na maioria dos cursos de mecânica do meio contínuo e de mecânica dos sólidos (Truesdell, 1960; Fung, 1965).

Pode-se analisar o sentido geométrico e mecânico das componentes de deformação por meio de simples exemplos. Vamos considerar tensão uniforme ao longo de eixo x_1 (Figura 1.2).

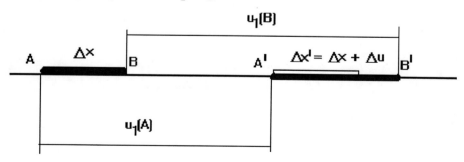

FIGURA 1.2 – Alongamento relativo ao longo do eixo x_1.

Nesse caso, há apenas uma componente não nula do vetor do deslocamento que depende somente da coordenada x_1: $u_1 = u_1(x_1)$, $u_2 = u_3 = 0$. A substituição nas equações de Cauchy mostra que, também, entre componentes de deformação somente uma é não nula:

$$\varepsilon_{11} = \frac{1}{2}\left(\frac{\partial u_1}{\partial x_1} + \frac{\partial u_1}{\partial x_1}\right) = \frac{\partial u_1}{\partial x_1}$$

$$\varepsilon_{12} = \varepsilon_{13} = \varepsilon_{22} = \varepsilon_{23} = \varepsilon_{33} = 0$$

(1.6)

Em pequena escala, $\dfrac{\partial u_1}{\partial x_1} \approx \dfrac{u_1}{x_1}$ é o alongamento relativo da fibra orientada ao longo do eixo x_1. No caso de um estado uniforme:

$$\varepsilon_{11} = \frac{\partial u_1}{\partial x_1} \approx \frac{\Delta u_1}{\Delta x_1}$$

o alongamento relativo é igual para todos os segmentos orientados ao longo do eixo x_1 ou para o corpo total. Após a deformação do corpo, os pontos materiais $A(x_A, y_A, z_A)$ e $B(x_B, y_B, z_B)$ têm novas posições $A'(x'_A, y_A, z_A)$ e $B'(x'_B, y_B, z_B)$, respectivamente, o comprimento do segmento AB inicial é $\Delta x = x_B - x_A$ e o novo comprimento é $\Delta x' = x'_B - x'_A$. Então,

$$\Delta u_1 = u_1(B) - u_1(A) = (x'_B - x_B) - (x'_A - x_A) = (x'_B - x'_A) - (x_B - x_A) = \Delta x' - \Delta x$$

representa a diferença entre o novo comprimento e o inicial. Desse modo, em sentido geométrico, ε_{11} é o alongamento relativo dos segmentos ao longo do eixo x_1. No caso de se considerar as fibras materiais ao longo desses segmentos, o aspecto mecânico é um alongamento relativo dessas fibras. O aspecto geométrico e mecânico de outras componentes diagonais (ε_{22} e ε_{23}) é análogo ao da componente ε_{11}.

As componentes não diagonais do tensor da deformação caracterizam alterações de ângulos (inicialmente retos) entre as fibras orientadas ao longo dos respectivos eixos das coordenadas.

Por exemplo, vamos supor que o deslocamento e a rotação do corpo estão eliminados e a única componente independente não nula de deformação é

$$\varepsilon_{12} = \varepsilon_{21} = \frac{1}{2}\left(\frac{\partial u_1}{\partial x_2} + \frac{\partial u_2}{\partial x_1}\right) \approx \frac{1}{2}\left(\frac{u_1}{x_2} + \frac{u_2}{x_1}\right)$$

que representa a deformação tangencial pura. O sentido dessa componente pode ser analisado considerando o elemento $\Delta x_1 . \Delta x_2$ (Figura 1.3).

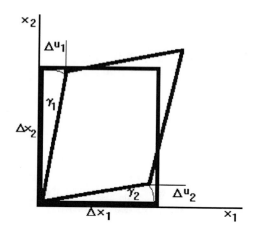

FIGURA 1.3 – Deformação tangencial pura do elemento plano.

No ponto O temos: "a variação do deslocamento" Δu_1 corresponde à diferença Δx_2 de coordenadas ao longo do eixo x_2, a variação do deslocamento Δu_2 corresponde à diferença Δx_1. O ângulo entre as fibras orientadas ao longo dos eixos x_1 e x_2, assumiu o valor $\gamma = \gamma_1 + \gamma_2$, onde $\gamma_1 \approx \dfrac{\Delta u_1}{\Delta x_2}, \gamma_2 \approx \dfrac{\Delta u_2}{\Delta x_1}$.

Desse modo, $\Delta\gamma \approx \dfrac{\Delta u_1}{\Delta x_2} + \dfrac{\Delta u_2}{\Delta x_1} = 2\varepsilon_{12} = 2\varepsilon_{21}$.

Então, as componentes não diagonais do tensor ε_{ij} caracterizam a deformação do cisalhamento puro, sem alteração do comprimento das fibras ao longo dos eixos das coordenadas.

Tensor da tensão

A próxima variável importante da mecânica dos sólidos é a tensão. O tensor de tensão é representado, geralmente, pelos componentes σ_{ij} (i, j = 1, 2, 3). O componente σ_{ij} é definido como um limite da razão força/área, onde a força é orientada ao longo de eixo "j" e a área do elemento normal ao eixo "i" tende a zero. Desse modo, o elemento de área tende a um ponto e as componentes de tensão caracterizam o estado do ponto material. Essas componentes, às vezes são chamadas de "forças internas", termo que não reflete corretamente a medida de tensão. Segundo a definição, as componentes de tensão têm uma medida de força, dividida por unidade da área (N/m^2 = Pa no SI – Sistema Internacional de Unidades).

As componentes de tensão atuantes nas faces do cubo elementar estão apresentadas na Figura 1.4, em coordenadas cartesianas e na Figura 1.5, em coordenadas cilíndricas.

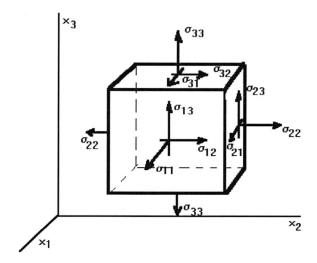

FIGURA 1.4 – Componentes da tensão em coordenadas cartesianas.

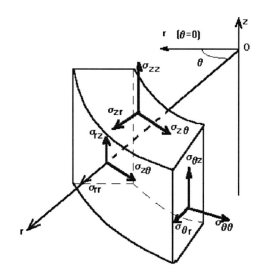

FIGURA 1.5 – Componentes da tensão em coordenadas cilíndricas.

A mecânica clássica dos sólidos supõe a simetria do tensor da tensão ($\sigma_{ij} = \sigma_{ji}$); em outras palavras, considera o meio contínuo sem rotação dos microelementos. As exceções são objeto de outras áreas e não serão consideradas em nosso estudo.

Nota-se que os parâmetros internos introduzidos (o vetor do deslocamento, os tensores da deformação e da tensão) relacionam-se ao ponto material. A dependência destes das coordenadas iniciais, descreve completamente a nova configuração e as forças internas no corpo carregado.

Os principais parâmetros externos da mecânica dos sólidos são as forças volumétricas e superficiais, indicadas pelos campos vetoriais e/ou campo do deslocamento na superfície (ou em parte da superfície) que podem ser conhecidos das condições de carregamento.

Em determinados problemas da mecânica dos sólidos utilizam-se também outros parâmetros escalares, vetoriais ou tensoriais que refletem o estado do meio ou do material, por exemplo: temperatura, dano etc.

1.3 Comportamento mecânico dos materiais estruturais

O comportamento mecânico de material estrutural é a sua resposta à carga mecânica aplicada externamente. Esta resposta pode aparecer como deformação e/ou fratura (se a carga exceder um valor crítico). O segundo estágio da resposta à carga mecânica é o nosso objetivo principal: o fenômeno da fratura. Entretanto, para uma correta investigação dos problemas da fratura é necessário, inicialmente, analisar o primeiro estágio da reação mecânica.

Vamos considerar, por simplicidade, a tração de uma barra ao longo do seu eixo (um estado uniforme uniaxial). Se o eixo x_1 coincide com o eixo da barra e a seção transversal é constante ao longo do eixo, a única componente não nula de tensão é $\sigma_{11} = F/S = $ cte. ("F" – força externa de tração; "S" – área da seção transversal). A componente correspondente da deformação é $\varepsilon_{11} = \Delta\ell/\ell_0 = $ cte. (ℓ_0 – comprimento inicial da barra, $\Delta\ell$ – alongamento).

A relação entre a tensão e a deformação é investigada pela medida do alongamento, sob força gradual e crescente, e é apresentada pela curva "tensão *versus* deformação" (diagrama "$\sigma - \varepsilon$"). A forma típica do diagrama "$\sigma - \varepsilon$" está representada na Figura 1.6.

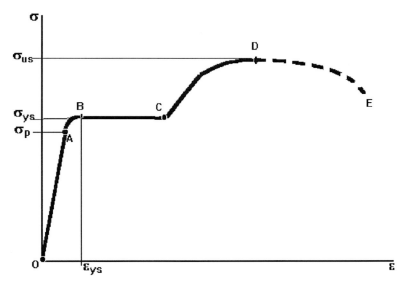

FIGURA 1.6 – Forma geral da curva "tensão *versus* deformação".

A linha reta OA descreve o comportamento elástico-linear. A deformação é proporcional à tensão e desaparece completamente depois do descarregamento. A tensão correspondente ao ponto A chama-se *limite de proporcionalidade* e é designada por σ_p. Algumas vezes esse termo é usado também para a deformação no mesmo ponto da curva.

O trecho AB mostra uma dependência não linear entre tensão e deformação; porém as propriedades elásticas conservam-se nesta região do diagrama. Desse modo, todo o trecho OB corresponde ao comportamento elástico do material.

A região seguinte da curva "σ *versus* ε" é o segmento BC paralelo ao eixo da deformação. O crescimento da deformação, sem crescimento da carga, faz um corpo sólido ter comportamento semelhante ao do líquido. Esta parte do diagrama chama-se *patamar de escoamento*, e a tensão correspondente, σ_{ys}, é o *limite de escoamento*.

Em seguida ao escoamento (ou plasticidade ideal), o material pode novamente demonstrar resistência à carga. O crescimento da deformação na parte CD é possível somente sob crescimento da carga. Esta parte descreve um comportamento não linear plástico do material. A linha do descarregamento de região BD, que corresponde ao comportamento plástico é, geralmente, paralela ao segmento OA da elasticidade linear.

Um *limite de resistência* é observado em experimentos de tração (σ_{us}). A fratura do corpo sólido ocorre no ponto D do diagrama ou depois de um aumento de deformação sem aumento da carga. Na parte DE do diagrama o material perde rapidamente a capacidade de carga devido à acumulação de microtrincas, microporos e redução da área da seção transversal.

O diagrama "σ *versus* ε" (Figura 1.6) apresenta uma caraterística extremamente generalizada do comportamento mecânico. Os materiais reais podem apresentar apenas algumas das partes descritas do diagrama. Frequentemente, os pontos A e B da curva localizam-se muito próximos e o limite de escoamento é considerado como limite da proporcionalidade (elasticidade não linear é ignorada). Em alguns casos a área de escoamento (plasticidade ideal) pode terminar na fratura (o limite de escoamento é igual ao limite da resistência à fratura; a plasticidade não linear não é observada). Outras vezes esta área é muito pequena e o comportamento plástico não linear é o mais importante.

Não há uma fórmula universal descrevendo relações entre tensores da deformação e da tensão para todo o comportamento mecânico. Para a solução dos problemas da mecânica dos sólidos o diagrama "σ *versus* ε" é idealizado respectivamente às propriedades dos materiais reais e às condições de carregamento.

Por exemplo, se a tensão não excede o limite da proporcionalidade o diagrama real é representado somente pelo segmento linear OA. Em caso de deformação uniaxial a relação entre tensão e deformação é expressa pela clássica Lei de Hooke:

$$\sigma = E\,\varepsilon \tag{1.7}$$

onde "E" é uma constante do material (o módulo de elasticidade ou módulo de Young). Esta lei foi generalizada para o estado tensão/deformação multiaxial por Cauchy e para material isotrópico pode ser apresentada na forma:

$$\sigma_{ij} = \lambda\,\varepsilon_{kk}\delta_{ij} + 2\,\mu\,\varepsilon_{ij} \tag{1.8}$$

ou:

$$\varepsilon_{ij} = \frac{1}{E}\left[(1+\nu)\sigma_{ij} - \nu\sigma_{kk}\delta_{ij}\right] \tag{1.9}$$

A constante "ν", coeficiente de Poisson, caracteriza a deformação transversal para a orientação da carga. As constantes da equação (1.8) chamam-se coeficientes de Lame e podem ser apresentados em termos dos parâmetros E e ν.

$$\lambda = E\,\nu\bigl[(1-2\nu)(1+\nu)\bigr],\ \mu = \frac{E}{2(1-\nu)} \quad (1.10)$$

Desse modo, as propriedades do material elástico-linear isotrópico são descritas pelas duas constantes independentes (E, ν), (λ, μ) ou outras combinações destas e de outros parâmetros dependendo da formulação do problema.

Sendo o comportamento plástico ideal o mais importante apresentamos na Figura 1.7a ou 1.7b o esquema do diagrama $\sigma = E\,\varepsilon$. O modelo do corpo elástico-plástico ideal (Figura 1.7a) descreve somente o comportamento elástico-linear, se a tensão é menor do que o limite de escoamento; e um aumento ilimitado da deformação, se a tensão atingir o valor σ_{ys}. Assim, o diagrama está apresentado pelas partes OA e BC. Se a deformação elástica é muito pequena (desprezível) em comparação à plástica, aplica-se o modelo de corpo rígido-elástico ideal (Figura 1.7b). Pode-se observar, que a condição $\sigma = \sigma_{ys}$ não significa, automaticamente, uma deformação infinita. O incremento da deformação plástica ideal é considerado na teoria da plasticidade, utilizando as hipóteses e equações adicionais.

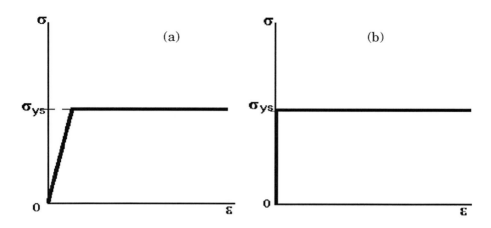

FIGURA 1.7 – Diagrama "σ versus ε" para material: (a) – elástico-plástico ideal; (b) – rígido-plástico ideal.

O crescimento do limite de escoamento, sob incremento da deformação plástica, chama-se "encruamento" e mostra-se pela inclinação da parte correspondente do diagrama "σ *versus* ε" (Figura 1.8a). Posterior ao descarregamento do ponto A', o carregamento elástico ocorre via mesma linha e um novo limite de escoamento σ'_{ys} é igual ao valor da tensão do descarregamento anterior.

Nos casos do comportamento elástico-plástico do material (diagramas apresentados na Figuras 1.7a; 1.8a), a deformação completa é apresentada como uma soma da deformação elástica e plástica. Este princípio da superposição da deformação tem uma característica comum e aplica-se também para o estado multiaxial.

$$\varepsilon_{ij} = \varepsilon_{ij}^{(e)} + \varepsilon_{ij}^{(p)} \tag{1.11}$$

onde o índice "e" denota elasticidade e "p", plasticidade.

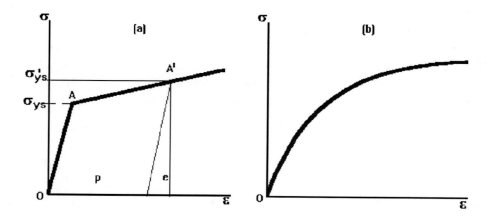

FIGURA 1.8 – Diagrama "σ *versus* ε" para material:
(a) modelo elástico-plástico com encruamento linear;
(b) modelo não linear elástico, plástico ou elástico-plástico

Os modelos lineares apresentados são básicos para o projeto dos elementos estruturais sob condições convencionais de temperatura e carga restritas. O desenvolvimento técnico moderno levou à obtenção de novos materiais, que suportam temperaturas e cargas altas e apresentam propriedades essencialmente não lineares. Nessas condições aplica-se frequentemente um modelo do meio não linear elástico ou plástico (Figura 1.8b). A diferença é determinada pelo comportamento do material sob descarregamento (a deformação elástica é reversível e a plástica é irreversível). A relação não linear entre a tensão e a deformação é geralmente apresentada pela lei potencial:

$$\varepsilon = B \, \sigma^n \qquad (1.12)$$

onde "B" e "n" são os parâmetros do material. A generalização para um estado tensão/deformação multiaxial tem a seguinte forma:

$$\varepsilon_{ij} = \frac{3}{2} B (\sigma_e)^{n-1} S_{ij} \qquad (1.13)$$

onde $S_{ij} = \sigma_{ij} - \frac{1}{3} \sigma_{kk} \delta_{ij}$ é o desviador da tensão, $\sigma_e = \sqrt{\frac{3}{2} S_{ij} S_{ij}}$ é a intensidade da tensão, introduzida por Von Mises.

Todos os modelos, anteriomente considerados do comportamento mecânico do material, mostram somente a reação instantânea ao carregamento. Os modernos materiais estruturais estão frequentemente sujeitos a uma dependência essencial da deformação com o tempo, mesmo sob carga constante (por exemplo, ligas de alta resistência sob alta temperatura ou plásticos). Esse fenômeno chama-se *fluência* (dos metais) ou *viscoelasticidade* (dos plásticos). A diferença determina-se pela reação ao descarregamento. A deformação da fluência, dependente do tempo, é fundamentalmente irreversível (viscoplástica), ao passo que, a viscoelástica é reversível. Deve-se notar que a previsão da fluência dos metais, sob temperatura e tensões altas, é um problema importante para a segurança do equipamento energético, petroquímico e aeronáutico. As curvas da fluência, sob carga constante de tração, têm a forma apresentada na Figura 1.9. A dependência da deformação (alongamento) com o tempo caracteriza-se pelo decréscimo da velocidade de deformação no primeiro estágio do processo, pela velocidade quase constante na segunda e pelo acréscimo da velocidade de deformação no último estágio.

No caso geral, a deformação da fluência depende da tensão, do tempo e da temperatura:

$$\varepsilon = f(\sigma, t, T) \qquad (1.14)$$

e é descrita por relações físicas muito complicadas. Para uso prático são aplicadas as relações diferenciais, válidas com algumas restrições, por exemplo, para fluência estacionária e uma determinada faixa da temperatura.

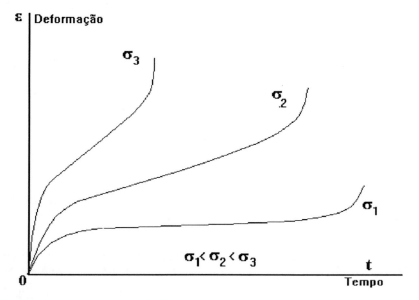

FIGURA 1.9 – Curvas típicas da fluência.

Geralmente, o segundo estágio é o mais importante para o projeto de estruturas e a deformação acumulada no primeiro e no terceiro estágios é desprezível. A velocidade da deformação na fluência estacionária (o segundo estágio da fluência) depende da carga. A velocidade da deformação é determinada pela inclinação da segunda parte da curva nas coordenadas (ε, t). Então, $d\varepsilon/dt = f(\sigma)$. Diferentes funções são usadas para expressar a dependência desta velocidade com a tensão. A mais utilizada é a Lei de Norton:

$$d\varepsilon/dt = B\sigma^n \qquad (1.15)$$

para tração uniaxial ou

$$\frac{d\varepsilon}{dt} = \frac{3}{2} B\ \sigma_e^{n-1} S_{ij} \qquad (1.16)$$

para estado tensão/deformação multiaxial.

Outras formas efetivas para lei da fluência etacionária sob tração uniaxial são:

$d\varepsilon/dt = C \operatorname{sh}(\alpha\,\sigma)$ – Lei de Prandtl;

$d\varepsilon/dt = D \exp(\beta\,\sigma)$ – Lei de Dorn;

$d\varepsilon/dt = A\,[\operatorname{sh}(\gamma\,\sigma)]m$ – Lei de Garofalo;

$d\varepsilon/dt = B\,(\sigma - \sigma_o)^n$ – Lei do atrito;

$d\varepsilon/dt = \sigma_o\,/(\sigma_{us} - \sigma)$ – Lei fracionária-linear;

onde "σ" é tensão; "A", "B", "C", "D", "α", "β", "γ", "m", "n", e "σ_o" denotam constantes do material que podem depender da temperatura.

A maior parte das ligas metálicas de alta resistência mantém, sob alta temperatura, as propriedades elásticas além das propriedades da fluência. Para problemas com um tipo complicado de carregamento, o comportamento mecânico do material pode ser descrito pela seguinte lei:

$$\dot{\varepsilon}_{ij} = \frac{1}{E}(\dot{\sigma}_{ij}(1+\nu) - \nu\,\dot{\sigma}_{kk}\,\delta_{ij}) + \frac{3}{2}B\sigma_e^{n-1}S_{ij} \tag{1.17}$$

De acordo com esta lei, o comportamento do material ao carregamento e descarregamento instantâneo é elástico (o termo de tensão é desprezível) e sob carregamento quase constante, a fluência predomina (as derivadas dos componentes da tensão têm tendência a zero), e a equação (1.17) coincide com a lei da fluência (1.16).

A velocidade da deformação de plásticos depende, frequentemente, não apenas da carga, mas também da história do carregamento. A resistência do material também pode depender do estado do carregamento anterior e do tempo (da idade do material). Esse fenômeno chama-se "envelhecimento do material" e descreve-se por equações integrais do seguinte tipo:

$$\varepsilon(t) = \int_0^t K(t,\tau)\sigma(\tau)d\tau \tag{1.18}$$

onde $K(t, \tau)$ é uma função, mostrando a resistência do material ao carregamento ("núcleo" da equação integral). Se as propriedades do material dependem somente do estado real do carregamento, o núcleo tem a forma da diferença: $K(t, \tau) = K(t - \tau)$. As diferentes formas dessa função aplicam-se para a descrição do comportamento dos materiais. Os tipos mais populares são os núcleos lineares e exponenciais.

As pesquisas sobre a relação entre a deformação e a tensão são uma preocupação atual da mecânica dos sólidos. O aparecimento dos novos materiais estruturais e a complexidade das condições do carregamento, formulam os novos problemas das relações físicas. Para a descrição exata do comportamento mecânico são propostas novas e mais complicadas formas de relação entre os componentes de tensão e de deformação. Isso leva à consideração dos novos problemas da mecânica dos sólidos, inclusive de problemas da mecânica da fratura.

No caso geral, os valores das constantes dos materiais, utilizados nas relações entre tensão e deformação, podem ter alguma variação local dentro de corpo sólido. A influência dessas flutuações na *performance* dos elementos estruturais de geometria regular é investigada por métodos probabilísticos. Na mecânica da fratura de corpos com trincas, geralmente, a distribuição uniforme de propriedades no material é assumida, ignorando as suas flutuações locais.

A análise detalhada do comportamento mecânico dos materiais, propriedades de modelos básicos e das mais complicadas formas de relações físicas, além dos diversos problemas de contorno são encontrados em livros sobre a mecânica dos sólidos (Fung, 1965); teoria da elasticidade (Timoshenko, 1934, 1951; Sokolnikoff, 1956; Novozhilov, 1961; Nowacki, 1962; Lekhnitskii, 1963); teoria da plasticidade (Hill, 1950; Prager, 1959; Nadai, 1963); teoria da fluência (Odqrist, 1966, 1974; Rabotnov, 1969, Boyle, 1983) e teoria da viscoelasticidade (Bland, 1960).

1.4 Resistência teórica dos metais. Concentração de tensão

O grande número de aplicações dos metais em estruturas de engenharia deve-se à elevada resistência mecânica, alto ponto de fusão e pequeno coeficiente de expansão térmica. Obviamente, a resistência à deformação e à fratura é devida às forças de coesão entre os átomos. Isso estimula as tentativas de avaliar a tensão máxima admissível conhecendo-se as constantes elásticas, a capacidade de deformação e os parâmetros da estrutura cristalina.

Submetendo-se o cristal a uma carga de tração verifica-se que aumenta a separação entre os átomos. A força de repulsão diminui mais rapidamente com o aumento da separação do que com a força de atração, resultando numa força entre os átomos contrária à tração. Com o aumento da carga de tração verifica-se o instante em que a força repulsiva é desprezível e a diminuição da força de atração ocorre em razão do aumento de separação dos átomos. Esse ponto corresponde ao máximo na curva que é igual à resistência coesiva teórica do material. Na Figura 1.10 pode-se observar a variação da força coesiva entre dois átomos em razão da distância entre eles.

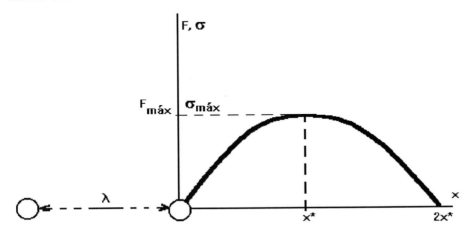

FIGURA 1.10 – Força coesiva "F" em razão do deslocamento interatômico "x"; "λ" é a distância entre os átomos em material não deformado.

A força coesiva pode ser representada por uma curva senoidal da forma:

$$F = F_{máx} \operatorname{sen} \frac{\pi x}{2 x^*} \qquad (1.19)$$

onde "$F_{máx}$" é a força da resistência coesiva teórica; "x^*" é o deslocamento, que corresponde à força máxima $F = F_{máx}$ desconsiderando as ligações diagonais e multiplicando pelo número das ligações interatômicas por unidade de área da seção transversal $1/\lambda^2$, chega-se à equação em termos da tensão:

$$\sigma = \sigma_{máx} \operatorname{sen} \frac{\pi x}{2 x^*}$$

Considerando, para pequenos deslocamentos, onde a Lei de Hooke é válida, sen α ≈ α:

$$\sigma = \frac{\sigma_{máx}\pi \ x}{2 \ x^{*}}$$
(1.20)

Do outro lado, $\sigma = E\varepsilon$, onde ε é a deformação (o alongamento relativo):

$$\sigma = E\varepsilon = E x/\lambda$$
(1.21)

Eliminando σ/x das equações (1.20) e (1.21), tem-se:

$$\sigma_{máx} = \frac{E}{\pi} \frac{2 \ x^{*}}{\lambda}$$
(1.22)

O deslocamento interatômico $2x^{*}$ corresponde a perda completa da força coesiva entre átomos. Consequentemente, o deslocamento relativo $2x^{*}/\lambda$ pode ser avaliado pela deformação máxima $\varepsilon_{máx}$. Desse modo

$$\sigma_{máx} \approx E\varepsilon_{máx}/\pi$$

Utilizando-se valores reais para o parâmetro $\varepsilon_{máx}$ entre 1% e 20%, resulta em $\sigma_{máx}$ variando de $E/300$ a $E/15$. Na prática, os materiais de uso na engenharia têm tensão da fratura σ_{us} que são 100 a 10.000 vezes menores do que os valores teóricos $\sigma_{máx}$. O erro da estimativa considerada é explicada pela irregularidade de microestrutura em materiais reais. A maioria dos metais não pode ser considerada como monocristais. A microestrutura cristalina é observada somente em "grãos", orientados de modo aleatório. Nas fronteiras dos grãos existem diversas falhas da microestrutura como: microtrincas, microporos, inclusões etc. Assim, as ligações intergranulares são muito mais fracas que as ligações em cristal ideal. É natural supor que estas ligações determinam a resistência real de um material policristalino e que a estimativa teórica será mais exata para materiais monocristalinos. Entretanto, os primeiros ensaios com tais materiais chegaram a resultados igualmente insatisfatórios. As pesquisas, que tem como objetivo aumentar a resistência dos cristais, explicam a natureza desse fenômeno. Por exemplo, o tratamento superficial do cristal do sal-gema aumenta a resistência em mil vezes aproximadamente; em alguns casos foram atingidos valores em torno da metade da resistência teórica. Resultados análogos foram obtidos, também, para outros materiais pela alteração da estrutura – a eliminação dos defeitos observados. Desse modo, a resistência dos materiais cristalinos também é determinada pelas irregularidades da microestrutura, tais como as discordâncias no sistema atômico, que reduzem o número real das ligações elementares na seção do corpo sólido.

Além disso, os defeitos maiores, como microporos, microtrincas, inclusões etc. alteram as condições locais de carregamento. Desse modo, as forças interatômicas reais não podem ser calculadas por simples divisão da força mecânica pelo número teórico de ligações na seção. A concentração dessas forças em alguma área de seção provoca a fratura local, redução de seção efetiva, aumento das forças na parte restante e a fratura total. As tentativas de contar essa concentração, pelos métodos da física dos sólidos ainda não teve sucessos significativos devido às dificuldades determinadas pelo número astronômico de átomos em seção de elemento mecânico e parâmetros correspondentes do problema.

No caso de a resistência do material ser reduzida em relação à teórica dos microdefeitos distribuídos uniformemente, a tensão máxima da tração pode ser determinada em ensaios uniaxiais e considerada como uma constante do material ("limite da resistência"). Observa-se, que a carga máxima obtida do critério $\sigma = \sigma_{us}$ é menor do que a real, se existe um defeito de escala maior. Isso pode ser explicado pelo fato da tensão local, nas proximidades do defeito, ser maior do que a tensão media σ = força/área, até atingir o limite da resistência sob uma carga relativamente baixa. O fenômeno da concentração de tensão pelo defeito significativo da microestrutura é apresentado, esquematicamente, na Figura 1.11, considerando a redistribuição das forças interatômicas.

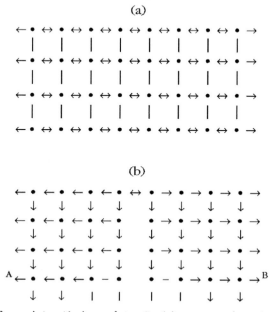

FIGURA 1.11 – Forças interatômicas sob tração: (a) em uma microestrutura ideal; (b) em uma microestrutura com defeito.

Para a análise correta de tensão pelos métodos da mecânica dos sólidos, o concentrador deve ser considerado como uma anomalia geométrica, o que significa considerar um novo problema de contorno. Assim, aparece uma questão relacionada com as condições naquela parte adicional de contorno. Normalmente, a superfície do concentrador, por exemplo, da trinca ou do entalhe, é considerada como livre de tensão. Essa hipótese pode ser ilustrada pelas linhas da força em corpo com entalhe. Evidentemente, nas regiões distantes do concentrador a tensão é distribuída de maneira uniforme ("a", "b" (Figura 1.11)). Nas vizinhanças de sua ponta é observada a região da concentração. As linhas de força na chapa com entalhe semielíptico são mostradas na Figura 1.12.

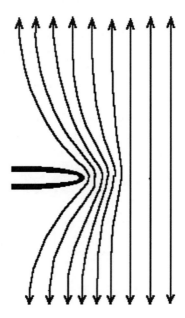

FIGURA 1.12 – Linhas de força numa chapa com entalhe.

A significativa concentração de tensão é uma característica específica dos problemas da fratura e a investigação do estado de tensão e deformação em elementos estruturais com trincas, furos, entalhes etc. é um dos objetivos principais da mecânica de integridade estrutural. Essa investigação é executada pelos métodos gerais da mecânica dos sólidos na base de uma formulação adequada dos problemas de contorno.

1.5 Formulação dos problemas de contorno da mecânica dos sólidos. Modos geométricos da fratura

Quando as relações físicas são conhecidas aparece uma possibilidade de investigar o estado de tensão e deformação em corpos sólidos. A distribuição dos componentes de tensão, deformação e deslocamento determina-se pela solução dos correspondentes problemas de contorno. Enquanto um estado de tensão e deformação é caracterizado por 15 variáveis independentes (6 componentes do tensor de tensão, 6 componentes do tensor da deformação e 3 componentes do vetor do deslocamento), a formulação destes problemas deve incluir o número correspondente de equações independentes. Além das 6 relações físicas e 6 equações de Cauchy (1.5), o estado de tensão e deformação deve obedecer às 3 equações de equilíbrio, que têm, em caso de problemas quase-estáticos e deslocamentos pequenos, a seguinte forma em coordenados cartesianas:

$$\partial \sigma_{ij} / \partial x_j = 0 \ (i, j = 1, 2, 3) \tag{1.23}$$

Por exemplo, o sistema de equações da teoria de elasticidade linear tem a forma:

$$\begin{cases} \dfrac{\partial \sigma_{ij}}{\partial x_j} = 0 & (i, j = 1,2,3) \\[2mm] \varepsilon_{ij} = \dfrac{1}{2}\left(\dfrac{\partial u_i}{\partial x_j} + \dfrac{\partial u_j}{\partial x_i}\right) & (i, j = 1,2,3) \\[2mm] \sigma_{ij} = \lambda \sigma_{kk}\delta_{ij} + 2\mu\varepsilon_{ij} & (i, j = 1,2,3) \end{cases}$$

Para outros tipos de comportamento mecânico, a última equação é substituída pela relação física correspondente. A formulação dos problemas de contorno em outros sistemas de coordenadas (cilíndricas, esféricas etc.) pode ser encontrada nos livros sobre mecânica dos sólidos, teoria de elasticidade, plasticidade e fluência (por exemplo Rabotnov, 1969; Timoshenko, 1934, 1951; Novozhilov, 1961).

Quando um problema de contorno está resolvido em termos de deslocamentos, as componentes da tensão nas equações de equilíbrio são representadas pelas componentes da deformação por meio de relações físicas. A substituição das equações de Cauchy conduz o problema à forma de três equações para três componentes do deslocamento.

A solução do problema em componentes da deformação ou da tensão, sem a consideração do deslocamento, requer que sejam obedecidas as condições de compatibilidade. Estas condições garantem, que o campo da deformação representa um contínuo monódromo/campo do deslocamento e são uma consequência das equações de Cauchy. Sob restrições assumidas, estas condições têm a seguinte forma em coordenadas retas:

$$\frac{\partial^2 \varepsilon_{ij}}{\partial x_k\, \partial x_m} + \frac{\partial^2 \varepsilon_{km}}{\partial x_i\, \partial x_j} = \frac{\partial^2 \varepsilon_{ik}}{\partial x_j\, \partial x_m} + \frac{\partial^2 \varepsilon_{jm}}{\partial x_i\, \partial x_k} \tag{1.24}$$

Note-se que os índices "i, j, k, m" podem tem o valor 1, 2 ou 3. Devido à simetria, tem-se as seis equações independentes. Para solução do problema em componentes de tensão, condições de compatibilidade são transformadas usando as relações físicas. As condições de compatibilidade para a teoria da elasticidade linear em coordenadas retas foram obtidas por Saint-Venant (consulte, por exemplo, Rabotnov, 1969). A formulação dos problemas da mecânica dos sólidos varia não apenas pelas relações entre a tensão e a deformação. Além do sistema de equações volumétricas, essa formulação inclui algumas condições de contorno na forma de equações superficiais.

A solução do sistema de equações da mecânica dos sólidos geralmente é apresentada na forma de fatores indeterminados, cujos valores reais são obtidos, utilizando as condições de contorno.

A formulação dos três tipos principais de problemas de contorno, em mecânica dos sólidos, é determinada pelas condições de contorno do corpo:

1 As tensões (ou forças externas) na superfície total do corpo são conhecidas.

2 Os deslocamentos em toda superfície do corpo são conhecidos.

3 Numa parte da superfície são conhecidas as tensões e, em outra, os deslocamentos.

Os problemas de contorno da mecânica da fratura, geralmente fazem parte do tipo 1 ou do tipo 3. Esses problemas são formulados para corpos com trincas e outros tipos de concentradores de tensão.

Em alguns casos, uma parte das variáveis independentes da mecânica dos sólidos já é conhecida e dada pela formulação do problema. O número correspondente das equações do problema do contorno são obedecidos automaticamente. A solução completa do sistema simplificado, algumas vezes, pode ser obtida analiticamente em forma geral. Para solução dos problemas particulares podem ser desenvolvidos alguns procedimentos generalizados.

Os casos mais importantes referem-se aos problemas planos cuja solução pode ser obtida em coordenadas bidimensionais.

Tensão plana

Neste caso há apenas três componentes não nulas de tensão. Por exemplo: σ_{11}, σ_{12}, σ_{22}; ($\sigma_{13} = \sigma_{23} = \sigma_{33} = 0$). O estado de tensão plana ocorre no corpo fino, carregado pelas forças localizadas no plano principal. O exemplo do estado de tensão plana é apresentado na Figura 1.13.

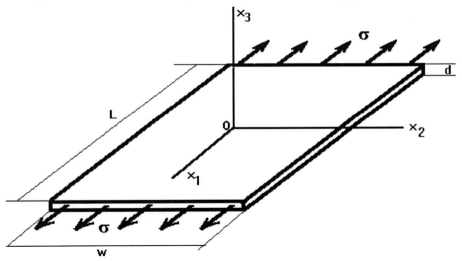

FIGURA 1.13 – Um corpo em estado de tensão plana (σ = cte.; d< < w, L).

Devido ao fato de todas as componentes não nulas do tensor da tensão se referirem ao plano $x_1 0 x_2$, para apresentação simplificada e solução dos problemas de contorno são utilizadas apenas coordenadas deste plano. As componentes de tensão são, geralmente, consideradas como variáveis básicas; uma das três equações de equilíbrio é obedecida automaticamente e as outras duas têm a forma mais simples:

$$\frac{\partial \sigma_{11}}{\partial x_1} + \frac{\partial \sigma_{12}}{\partial x_1} = 0; \quad \frac{\partial \sigma_{12}}{\partial x_2} + \frac{\partial \sigma_{22}}{\partial x_2} = 0 \qquad (1.25)$$

Estas são obedecidas se as componentes da tensão podem ser representadas por uma função Φ (chamada Função de Airy) do seguinte modo:

$$\sigma_{11} = \frac{\partial^2 \Phi}{\partial x_2^2}; \quad \sigma_{22} = \frac{\partial^2 \Phi}{\partial x_1^2}; \quad \sigma_{12} = -\frac{\partial^2 \Phi}{\partial x_1 \partial x_2} \qquad (1.26)$$

Deformação plana

A deformação plana é o estado de um corpo longo de seção transversal constante ao longo do eixo, carregado por forças normais ao eixo e distribuídas uniformemente (Figura 1.14). Nesse caso as três das seis componentes da deformação são iguais a zero: $\varepsilon_{13} = \varepsilon_{23} = \varepsilon_{33} = 0$.

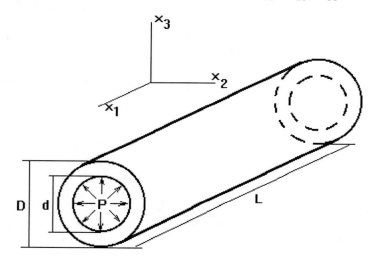

FIGURA 1.14 – Um exemplo de corpo em estado de deformação plana (P=cte.; d, D << L).

Matematicamente, os problemas desse tipo são muito parecidos aos problemas de tensão plana. Por exemplo, na teoria de elasticidade linear sob deformação plana, seguindo a Lei de Hooke:

$$\sigma_{13} = \sigma_{23} = 0, \; \sigma_{33} = \nu\,(\sigma_{11} + \sigma_{22}) \qquad (1.27)$$

Desse modo, como no estado de tensão plana, há também apenas 3 componentes independentes do tensor de tensão: σ_{11}, σ_{12}, σ_{22} e o problema pode ser resolvido pela mesma técnica. As diferenças refletem-se somente nos fatores constantes.

Os problemas planos considerados (de tensão e de deformação planas) têm uma grande importância prática e teórica. Com um número menor de variáveis independentes obtém-se, em muitos casos, a solução geral. Os resultados analíticos permitem analisar mais facilmente as propriedades do fenômeno investigado e são básicos para a generalização no estado tensão/ deformação multiaxial.

Deformação antiplana

Pela mesma razão, destaca-se outro caso simples do estado tensão/ deformação – o estado *antiplano*. Nesse estado há apenas uma componente do deslocamento não nula, distribuída uniformemente ao longo de seu eixo (por exemplo $u_3 = u_3 (x_1, x_2)$ $(u_1 = u_2 = 0)$). Nota-se que os planos normais ao eixo serão deformados por este campo de deslocamento, bem como os ângulos entre os eixos. Segundo as equações de Cauchy, $\varepsilon_{11} = \varepsilon_{22} = \varepsilon_{33} = \varepsilon_{12}$ = 0, o número das componentes da tensão não nula é determinado pelas relações físicas. Um exemplo do estado tensão/deformação antiplano será considerado a seguir e relacionado à mecânica da fratura.

Assim como, em geral, na mecânica dos sólidos, também nos problemas da integridade estrutural, destacam-se os casos fundamentais planos e antiplanos.

Modos geométricos da fratura

Uma das mais importantes hipóteses da mecânica dos sólidos – superposição da carga estática – permite considerar os campos de tensão e de deformação como uma função linear dos campos, correspondentes aos modos básicos da carga. A aplicação desse princípio, em problemas de contorno da mecânica da fratura, permite reduzi-los à solução de três problemas básicos. Os problemas básicos diferenciam-se pela orientação da carga externa em relação à trinca, Enquanto o vetor de força externa pode ser representado por três componentes independentes (projeções nos eixos das coordenadas) podemos orientar os eixos ao longo da frente da trinca, ao longo da normal à frente no plano da trinca e ao longo da normal ao plano da trinca e considerar separadamente a ação das componentes da força externa:

I. *Trinca de tração normal* (Figura 1.15). As superfícies da trinca são separadas por forças normais ao plano da trinca.

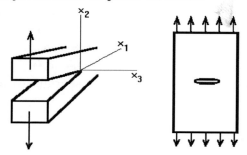

FIGURA 1.15 – Trinca do Modo I.

II. *Trinca de cisalhamento plano.* Deslizamento das superfícies da trinca sob forças normais à frente da trinca (Figura 1.16).

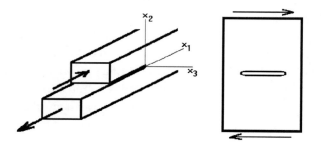

FIGURA 1.16 – Trinca do Modo II.

III. *Trinca de cisalhamento antiplano.* Deslizamento das superfícies da trinca sob forças paralelas à frente da trinca (Figura 1.17).

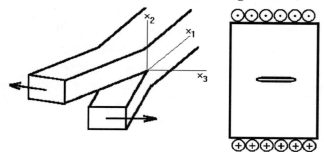

FIGURA 1.17 – Trinca do Modo III.

Um estado de tensão e deformação pode ser apresentado como uma superposição linear de três estados independentes dos Modos I, II, III. Porém, o estudo desses casos fundamentais tem importância não somente auxiliar, mas também prática, principalmente do Modo I (trincas da tensão normal), mais encontrado em elementos estruturais e caracterizado pelos menores valores críticos de carga.

1.6 Referências bibliográficas

1 BOYLE, J. T., SPENCE, J. *Stress Analysis for Creep*. London et al.: Butterworth, 1983.
2 BLAND, D. R. *The Theory of Linear Viscoelasticity*. New York: Pergamon Press, 1960.
3 FUNG, Y. C. *Foundations of Solid Mechanics*. New York: Englewood Cliffts, Prentice-Hall, 1965.
4 HILL, R. *The Mathematical Theory of Plasticity*. Oxford: Clarendon Press, 1950.
5 LEHNNITSKII, S. G. *Theory of Elasticity of an Anisotropic Elastic Body*. San Francisco: Holden-Day, 1963.
6 McCONNELL, A. J. *Application of the Absolute Differential Calculus*. London: Blackie, 1946.
7 NADAI, A. *Theory of Flow and Fracture of Solids*. New York: McGraw-Hill, 1963, 2v.
8 NOVOZHILOV, V. V. *Theory of Elasticity*. New York: Pergamon Press, 1961.
9 NOVACKI, W. *Thermoelasticity*. Reading, Mass.: Addison-Wesley, 1962.
10 ODQVIST, F. K. G. *Mathematical Theory of Creep and Creep Rupture*. Oxford: Clarendon Press, 1966, 1974.
11 PRAGER, W. *An Introduction to Plasticity*. Reading, Mass.: Addison-Wesley, 1959.
12 RABOTNOV, YU. N. *Creep Problems in Structural Elements*. North Holland, 1969.
13 SOKOLNIKOFF, I. S. *Tensor Analysis, Theory and Application*. New York: Wiley, 1951, 1958.
14 _____. *Mathematical Theory of Elasticity*. New York: McGraw-Hill, 1956.
15 TIMOSHENKO, S., GOODIEAR, N. *Theory of Elasticity*. New York: McGraw--Hill, 1934, 1951.
16 TRUESDELL, C. *The Principles of Continuum Mechanics*. Texas: Dallas, 1960.

2 Bases da mecânica linear da fratura

O termo *mecânica linear da fratura* é frequentemente utilizado na literatura científica, fundamental e aplicada. Geralmente, esse termo denota os problemas da fratura de materiais elástico-lineares. O comportamento não elástico é supostamente desprezível ou muito localizado. Às vezes, esta parte da mecânica da fratura chama-se *mecânica da fratura frágil* ou *mecânica clássica da fratura*. O primeiro reflete a característica da fratura, principalmente, frágil em materiais elástico-lineares e o segundo mostra que esta é uma parte mais desenvolvida e investigada teoricamente, bem como em ensaios experimentais.

Uma formulação comparativamente simples do problema de contorno possibilita conseguir, muitas vezes, a solução analítica mais facilmente. Isso é muito importante, porque a solução analítica fornece os resultados não somente em números, mas também em fórmulas e relações entre alguns parâmetros, que são básicas para novas hipóteses, suposições, formulações de problemas etc. Muitos problemas da mecânica linear da fratura foram posteriormente generalizados para relações físicas mais complicadas. A solução desses problemas, frequentemente, baseia-se na técnica matemática desenvolvida na elasticidade linear. Desse modo, a mecânica linear da fratura tem uma grande importância no desenvolvimento da mecânica da fratura como uma parte específica da mecânica dos sólidos.

A linearidade na formulação de problemas tem além de seus lados positivos, também os negativos. Provavelmente, a mais forte crítica à mecânica da fratura, sobre as posições da mecânica dos sólidos, seja endereçada às relações lineares entre deformação e deslocamento. O uso

46

correto desse tipo de relações geométricas supõe os deslocamentos (e as rotações) pequenos, o que fica sujeito às dúvidas em problemas com fortes concentradores de tensão.

A linearidade também está no conceito da trinca linear (com releção à forma, geralmente a trinca é apresentada como um corte infinitamente fino). Além disso, nesse conceito não são investigados com detalhes os processos não lineares de deformação e acumulação de dano próximo à ponta da trinca.

2.1 Conceito de Griffith

O primeiro modelo de fratura de um corpo com trinca foi formulado pelo engenheiro inglês A. Griffith (1920). Ele introduziu o termo "energia superficial do corpo sólido". A densidade desta energia γ_s é considerada como uma energia necessária para a criação de uma nova área elementar da superfície da trinca. A ideia principal de Griffith foi que γ_s é um parâmetro constante do material.

Desse modo, o primeiro critério da fratura foi o critério energético. A superfície da trinca é considerada como livre de tensões e o processo de propagação da trinca resulta no aparecimento de nova superfície livre. Esse processo é acompanhado por descarregamento elástico do volume de material perto da superfície da trinca. A liberação da energia elástica acumulada (que é uma função da carga externa e do comprimento da trinca) é uma fonte de energia para a subsequente propagação da trinca. Griffith considerava que a propagação instável da trinca ocorre se a intensidade dessa energia é maior do que a necessária para criação de uma nova superfície livre:

$$G = dU\,(q,\,S)\,/\,dS \geq 2\,\gamma_s \qquad (2.1)$$

Nessa expressão, "G" é a intensidade de liberação de energia. A energia elástica "U" é uma função da carga externa "q" e da área da superfície da trinca "S". O parâmetro "γ_s" é considerado como uma constante do material. O coeficiente 2, no lado direito, reflete a existência de duas superfícies paralelas da trinca.

Inicialmente, acreditava-se que a energia necessária para criação de nova superfície livre da trinca era análoga à energia superficial do líquido. Mais tarde descobriu-se que esta energia tem uma natureza diferente. Por exemplo: o consumo de energia para a propagação de trincas em metais está ligado, principalmente, a uma deformação irreversível em uma pequena região próxima da ponta da trinca. Quando a zona plástica (não elástica) é pequena em comparação ao tamanho do corpo e ao comprimento da trinca, a teoria de Griffith pode ser válida de forma generalizada. Assim, o parâmetro γ_s, é substituído por $\gamma = \gamma_s + \gamma_p$, onde γ_p é a intensidade da energia não elástica, e desse modo todo o trabalho mecânico, localizado nas proximidades da ponta da trinca é considerado. A generalização dessa teoria para outros tipos de materiais estruturais considera outros micromecanismos da fratura. A natureza da energia caracterizada pela densidade "γ" pode ser muito variável.

O critério introduzido permite determinar um valor crítico da carga $q = q_c$, se conhecidos os parâmetros "S", a constante do material "γ_s" (ou "γ") e a função da energia $U = U(q,S)$.

Analisar-se-á agora um exemplo simples da aplicação desse critério proposto por Griffith. O lado inferior de uma chapa fina está fixo e o lado superior está deslocado de "u" (Figura 2.1). A altura do corpo "H" é pequena em comparação ao comprimento da trinca "ℓ" e da seção resistente "a". O problema é definir o deslocamento crítico $u = u_c$, que corresponde à propagação instável.

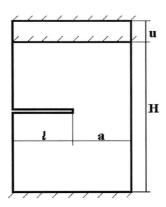

FIGURA 2.1 – Problema de Griffith (H < < a, ℓ).

Griffith assumiu que: 1. todo material abaixo e acima da trinca está livre de tensão; 2. a tensão está distribuída uniformemente na outra parte do corpo.

O estado de tensão é gerado pela deformação vertical $\varepsilon = u/H$ e segundo a Lei de Hooke:

$$\sigma = \eta\, E\, \varepsilon = \eta Eu/H \tag{2.2}$$

onde

$$\eta = \begin{cases} 1/(1-\nu)^2, & \text{tensão plana} \\[2mm] \dfrac{1-\nu}{(1+\nu)\,(1-2\nu)}, & \text{deformação plana} \end{cases} \tag{2.3}$$

A energia elástica produzida pelo deslocamento "u" é determinada pela metade do produto do deslocamento pela tensão aplicada:

$$U = \frac{1}{2}(\sigma a)u = \frac{\eta Ea}{2H}u^2 \tag{2.4}$$

A aplicação do critério de Griffith fornece:

$$G = \frac{\partial U}{\partial a} = \frac{\eta Eu^2}{2H} = 2\gamma \Rightarrow u_c = 2\sqrt{\frac{\gamma H}{2E}} \tag{2.5}$$

Esse resultado permite estimar aproximadamente o deslocamento crítico, porém é muito importante destacar suas limitações. A mais óbvia é a seguinte: os experimentos mostram a influência do comprimento da trinca no deslocamento crítico, entretanto a equação (2.5) não é capaz de descrever esta influência. A contradição é explicada pelas hipóteses utilizadas em relação ao estado de tensão. A distribuição real de tensões é essencialmente não uniforme, porque a trinca é um forte concentrador de tensão. Esta concentração depende do comprimento da trinca, da geometria do corpo e do modo de carregamento. Verifica-se também que somente a área, imediatamente abaixo e acima da trinca, pode ser considerada como livre de tensões. A carga externa está distribuída uniformemente ao longo de todo o contorno inferior e superior da chapa, e, todo material próximo deste está também carregado. A investigação da distribuição real de tensão e deformação é um problema muito importante e complicado matematicamente. Este é um dos objetivos fundamentais da mecânica de fratura. Os problemas do estado de tensão/deformação em corpo elástico-linear com trinca serão considerados nos próximos quatro itens.

Em alguns experimentos observa-se um valor maior do deslocamento crítico (ou da carga crítica) para a iniciação da trinca que para a sua propagação. Essa possibilidade, assim como outras propriedades específicas do fenômeno da fratura, não são descritas pelo critério simples do tipo (2.1).

Essas limitações mostram que a solução de Griffith é apenas uma ilustração simples para o seu conceito. A solução mais exata dos problemas de fratura está associada a complicadas pesquisas teóricas e experimentais. Um dos objetivos mais importantes dessas pesquisas é a formulação do critério da fratura, adequada para as condições consideradas.

2.2 Distribuição de tensões em corpo com trinca

Enquanto a formulação e a aplicação de critérios de fratura são possíveis somente quando o estado de tensão e deformação é conhecido, a investigação dos problemas de contorno, para corpos com trincas, tem uma grande importância para a mecânica da fratura. A complicada geometria de elementos estruturais com trincas determina as dificuldades da solução completa de tais problemas. Verifica-se, no entanto, que o estado de tensão e deformação distante do forte concentrador (trinca ou entalhe) não tem influência significativa no processo da fratura devido ao fato de ser desprezível, quando comparado ao estado nas suas proximidades. As características mais importantes do estado de tensão, para problemas de fratura, referem-se à concentração de tensões próxima de defeitos geométricos e/ou físicos. Essas características podem ser investigadas para uma geometria variável do corpo com uma ou várias trincas utilizando-se o "método do microscópio" (Cherepanov, 1979). Esse método considera exclusivamente uma pequena área próxima da ponta da trinca. A geometria do contorno do corpo, longe desta, não se reflete na formulação do problema; somente o modo geométrico da fratura é importante. Por exemplo, considera-se como iguais as condições do estado de tensão nas áreas marcadas nos diferentes corpos com trincas do Modo I (de tração), apresentados na Figura 2.2.

Vamos considerar um ponto "O" na frente da trinca. As coordenadas locais são introduzidas na ponta da trinca, geralmente, da seguinte maneira: o eixo x (ou x_1) é normal à frente da trinca (este é simplesmente a linha da trinca na formulação plana do problema), o eixo y (ou x_2) é normal ao plano da trinca e o eixo z (ou x_3) é paralelo à frente da trinca (Figura 2.3). No plano xOy (x_1Ox_2) utilizam-se também coordenadas polares (r, θ), onde "r" é a distância entre um ponto "A" e o centro das coordenadas "O" e "θ" é o ângulo entre a direção OA e o eixo x (x_1).

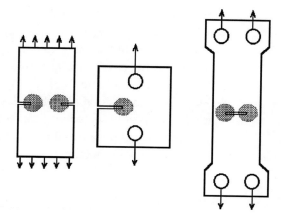

FIGURA 2.2 – Método do microscópio.

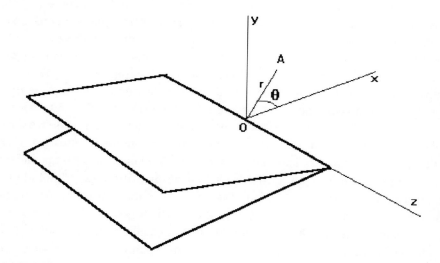

FIGURA 2.3 – Coordenadas locais.

Na área próxima do ponto considerado as tensões podem ser apresentadas como:

$$\sigma_{ij}(r,\theta) = \frac{1}{\sqrt{2\pi r}} \sum_{\alpha} K_{\alpha} \sigma_{ij}^{(\alpha)}(\theta) \pm \underline{O}(1) \tag{2.6}$$

onde i, j = 1, 2 ou 3; sendo o modo de fratura indicado por "α" (I, II, III). Os fatores K_I, K_{II}, K_{III} dependem da carga externa, da geometria do corpo e da trinca. Estes se chamam *fatores de intensidade de tensão* correspondentes ao Modo geométrico I, II ou III de fratura, respectivamente, e são independentes das coordenadas (r,θ). Os fatores $\sigma_{ij}^I(\theta)$, $\sigma_{ij}^{II}(\theta)$, $\sigma_{ij}^{III}(\theta)$ são as funções adimensionais de ângulo polar, independentes da geometria do corpo e da carga externa. O termo $\underline{O}(1)$ significa um valor finito para r → 0.

Os componentes do deslocamento podem ser apresentados da forma análoga a (2.6).

$$u_i = \frac{\sqrt{r}}{\mu\sqrt{2\pi}} \sum_\alpha K_\alpha \tilde{u}_i^{(\alpha)}(\theta) + \underline{O}(r^{3/2}) \qquad (2.7)$$

"μ" é uma constante do material; $\tilde{u}_i^{(\alpha)}(\theta)$ são funções adimensionais (α = I, II, ou III); $\underline{O}(r^{3/2}$ para r → 0, tem tendência a zero com $r^{3/2}$ ou mais rápido).

A característica mais importante do campo das tensões nas proximidades da ponta da trinca é o índice de singularidade (-1/2), que mostra o comportamento das curvas $\sigma_{ij}(r)$ sob ângulo fixo, quando r → 0.

Vamos considerar a equação (2.6). Os multiplicadores de intensidade de tensão K_α são independentes da distância "r" e finitos para r → 0. Isso significa que para cada carga não nula o campo de tensão tem uma singularidade na ponta da trinca. As tensões infinitas na ponta da trinca – sugeridas pela equação – seria uma das causas da fratura.

Na realidade, a fratura ocorre sob uma carga finita, maior que o valor crítico considerado. Esta contradição é uma consequência da idealização física (o comportamento mecânico do material é suposto como elástico-linear para cada valor de tensão) e geométrica (a deformação é considerada como pequena e a forma da trinca – como um corte infinitesimal). Além disso, devido à característica discreta da microestrutura do material, o modelo do meio contínuo (uma hipótese básica da mecânica dos sólidos incluindo a mecânica da fratura) é válido somente se a escala considerada é grande em comparação com a escala da microestrutura atômica. Por isso, os resultados da expressão (2.6), para o campo das tensões, não podem ser aplicados exatamente na ponta da trinca e numa área muito próxima da ponta.

A comparação dos resultados teóricos com a distribuição real das tensões na seção resistente está esquematizada na forma de gráfico na Figura 2.4. Três zonas podem ser observadas. Na primeira zona, pequena e próxima da ponta da trinca, as tensões reais são menores do que as preditas pela equação (2.6). Na segunda zona a apresentação (2.6) reflete de maneira correta a distribuição real das tensões. Na última zona as tensões reais são maiores devido à influência de largura finita do corpo. Geralmente, a segunda zona é a mais importante para caracterização do estado de tensão, pois a primeira zona é muito pequena e o nível de tensão na terceira zona é comparativamente baixo.

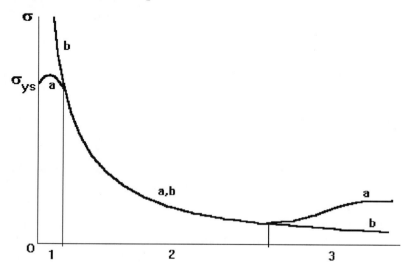

FIGURA 2.4 – Distribuição de tensão real (a) e segundo equação (2.6) (b).

Os parâmetros introduzidos K_I, K_{II}, K_{III} são multiplicadores da amplitude e aparecem da solução matemática do problema do contorno. Essas soluções para os três modos geométricos principais de fratura serão consideradas nos próximos três itens. Pode-se afirmar que fatores de intensidade de tensão, que representam soluções dos problemas básicos, têm uma importância grande para a mecânica da fratura. O efeito da geometria do corpo com trinca e da carga externa nas tensões, deformações e deslocamentos é avaliado somente por estes parâmetros nas equações (2.6) e (2.7). Muitas vezes, o valor do multiplicador da intensidade de tensões permite estimar o estado do corpo sem considerar os componentes de tensão, deformação e deslocamento. Segundo (2.6), a medida de K_α é a medida de tensão multiplicada pela raiz quadrada do comprimento (no Sistema Internacional de Unidades: $N/m^{3/2}$ ou $Pa\ m^{1/2}$).

Mais tarde, outros parâmetros de geometria e de carga foram introduzidos como multiplicadores de amplitude durante a investigação matemática do estado tensão/deformação próximo da ponta da trinca para relações físicas mais complicadas. O cálculo dos valores de K_α e de parâmetros análogos é possível somente via solução completa do problema de contorno para a geometria real (utilizando a já conhecida característica de singularidade na ponta da trinca). A tabulação desses parâmetros para corpos de prova padronizados tem grande importância prática. Esse trabalho está ligado a dificuldades matemáticas essenciais e demanda a aplicação de métodos sofisticados, frequentemente numéricos. Desse modo, os métodos matemáticos assim como os experimentais são muito importantes na mecânica da fratura.

Vamos considerar, separadamente, nos próximos três itens os campos assintóticos de tensão, deformação e deslocamento para modos geométricos básicos da fratura, obtidos pela solução do problema de contorno. O leitor que não se interessar por problemas matemáticos de fratura pode desconsiderar os itens 2.3, 2.4 e 2.5.

2.3 Cisalhamento antiplano (Modo III)

Geralmente na mecânica dos sólidos, é melhor considerar um conjunto de problemas similares de contorno, começando pelo estado tensão/deformação antiplano por ser o de menor quantidade de variáveis independentes. Tais problemas são mais simples matematicamente, sendo mais fácil obter a solução analítica e analisar as propriedades do fenômeno considerado. Frequentemente o método matemático desenvolvido para solução do problema antiplano, será aplicado *a posteriori*, para problemas planos e tridimensionais, que têm mais variáveis independentes.

Vamos considerar um corpo infinito com trinca de cisalhamento antiplano. Apenas um componente não nulo do deslocamento é possível neste caso:

$$u_3 = u_3 (x_1, x_2) , u_1 = u_2 = 0 \tag{2.8}$$

Seguindo as equações de Cauchy, o tensor de deformação tem duas componentes não nulas:

$$\varepsilon_{13} = \frac{1}{2}\frac{\partial u_3}{\partial x_1}; \quad \varepsilon_{23} = \frac{1}{2}\frac{\partial u_3}{\partial x_2}; \quad \varepsilon_{11} = \varepsilon_{22} = \varepsilon_{33} = \varepsilon_{12} = 0 \tag{2.9}$$

Substituindo na Lei de Hooke, chega-se a:

$$\sigma_{13} = 2\mu\varepsilon_{13} = \mu\frac{\partial u_3}{\partial x_1}; \quad \sigma_{23} = 2\mu\varepsilon_{23} = \mu\frac{\partial u_3}{\partial x_2}; \quad \sigma_{11} = \sigma_{22} = \sigma_{33} = \sigma_{12} = 0 \tag{2.10}$$

Desse modo, tem-se uma única equação não idêntica de equilíbrio:

$$\frac{\partial\sigma_{13}}{\partial x_1} + \frac{\partial\sigma_{23}}{\partial x_2} = 0 \tag{2.11}$$

Substituindo (2.10) em (2.11) obtém-se a característica harmônica de deslocamento:

$$\frac{\partial^2 u_3(x_1, x_2)}{\partial x_1^2} + \frac{\partial^2 u_3(x_1, x_2)}{\partial x_2^2} = \Delta u_3 = 0 \tag{2.12}$$

Então, o problema de contorno fica reduzido a uma forma simples e é apresentado pelas equações (2.8), (2.10) e (2.12), com as seguintes condições de contorno:

1 Superfície livre da trinca: $\sigma_{13} = \sigma_{23} = 0$ para $x_2 = 0$, $|x_1| < \ell$;

2 Condições no infinito: $\sigma_{13} = 0$; $\sigma_{23} = \tau(x_1)$ para $|x_2| \to \infty$

O princípio da superposição permite considerar separados os dois seguintes problemas (Figura 2.5):

1 O cisalhamento uniforme do corpo infinito sem trinca:

$$\sigma_{13} = 0, \, \sigma_{23} = \tau(x_1); \, u_3 = \tau \, x_2 \, / \, \mu \tag{2.13}$$

2 O cisalhamento pelas tensões aplicadas na superfície da trinca:

$$\sigma_{13} = 0, \, \sigma_{23} = -\tau(x_1); \, \text{para } x_2 = 0, \, |x_1| \leq \ell \tag{2.14}$$

No segundo problema é suposto que as componentes da tensão e da deformação têm tendência à zero no infinito.

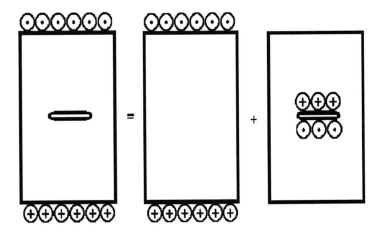

FIGURA 2.5 – Deformação antiplana de corpo com trinca. Método de superposição.

A solução do primeiro problema está apresentada pela formulação deste e a única questão é determinar a função harmônica $u_3(x_1,x_2)$ que obedece a condição no infinito $u_3 = 0$ e a condição:

$$\frac{\partial u_3}{\partial x_2} = -\frac{\tau(x_1)}{\mu}, \quad x_2 = 0, \ |x_1| \leq \ell \qquad (2.15)$$

A solução desse problema pode ser obtida pelos diversos métodos matemáticos existentes. Considera-se a solução, baseada na técnica de variável complexa, clássica para teoria linear de elasticidade.

A apresentação desse problema em variáveis complexas é possível, utilizando uma função u_3^*, conjugada à função u_3:

$$\frac{\partial u_3}{\partial x_1} = \frac{\partial u_3^*}{\partial x_2}; \qquad \frac{\partial u_3}{\partial x_2} = \frac{\partial u_3^*}{\partial x_1} \qquad (2.16)$$

A função u_3 pode ser considerada como parte real de uma função complexa $\varphi(z)$:

$$\varphi(z) = u_3 + iu_3^*, \ z = x_1 + ix_2 \Rightarrow u_3 = \text{Re}\,(\varphi(z)) \qquad (2.17)$$

Utilizando (2.16) e (2.11), as componentes de tensão apresentam-se pela função $\varphi(z)$:

$$\sigma_{13} - i\sigma_{23} = \mu\,\varphi'(z); \quad \sigma_{23} = -\mu\text{Im}\varphi'(z) \qquad (2.18)$$

Assim, é necessário procurar a função holomorfa $\varphi(z)$, que obedece as três condições:

1 A parte imaginária é constante nos lados do corte (seguindo (2.15)).

2 $Re[\varphi'(z)] = 0$ nos lados do corte.

3 Devido a $u_3 \xrightarrow[|z| \to \infty]{} 0$, a junção e a sua derivada decrescem no infinito como z^β,

onde $\beta \leq -1$ para $\varphi(z)$ e $\beta \leq -2$ para $\varphi'(z)$.

A função indeterminada $\varphi(z)$ deve ter a singularidade da sua derivada nas pontas de corte. A solução deste problema é bastante simples. Vamos considerar a função complexa,

$$F(z) = U(z) + iV(z), \quad U = Re[\varphi'(z)], \quad V = Im[\varphi'(z)] \tag{2.19}$$

Esta função é holomorfa em todo plano com exceção do corte. $F'(z)$ pode ter as singularidades nas pontas do corte e decrescer no infinito como $z\beta$ ($\beta \leq -2$). Nos lados superior e inferior do corte, as partes real e imaginária têm valores iguais:

$$U = 0, \quad V = \tau/\mu \tag{2.20}$$

Para distinguir os lados do corte introduz-se a função bivalente $\sqrt{z^2 - \ell^2}$, que é positiva em $z = x_1 > \ell$. Esta função é holomorfa exceto no corte e tem o valor $i\sqrt{\ell^2 - x_1{}^2}$ no lado superior e $-i\sqrt{\ell^2 - x_1{}^2}$ no lado inferior.

Considera-se a função auxiliar $\Phi(z) = F(z) \sqrt{z^2 - \ell^2}$, também holomorfa exceto no corte, e um contorno Γ à volta do corte com sentido anti-horário. A função $\Phi(z)$ é holomorfa exceto no corte e tem o resíduo igual a zero no infinito, devido ao comportamento da função $F(z)$. Pode ser aplicada a fórmula de Cauchy:

$$\Phi(z) = \frac{1}{2\pi i} \oint_\Gamma \frac{\Phi(\xi)}{\xi - z} d\xi \tag{2.21}$$

Pode-se considerar um contorno Γ infinitamente próximo da superfície de corte $[-\ell; \ell]$. Nos lados superior e inferior do corte tem-se, respectivamente:

$$\Phi_+ = [U(x_1 + 0) + iV(x_1 + 0)] \; i\sqrt{1^2 - x_1{}^2} \tag{2.22.a}$$

$$\Phi_- = -[U(x_1 + 0) + iV(x_1 + 0)] \; i\sqrt{1^2 - x_1{}^2} \tag{2.22.b}$$

Finalmente

$$\Phi(z) = -\frac{1}{\pi i}\int_{-\ell}^{\ell}\frac{\tau(x_1)}{x_1 - z}\sqrt{\ell - x_1{}^2}\,dx_1 \tag{2.23}$$

e a solução para a função $\varphi'(z)$ tem a forma:

$$\mu\varphi'(z) = \frac{i}{\pi\sqrt{z^2 - \ell^2}}\int_{-\ell}^{\ell}\sqrt{\ell^2 - x_1{}^2}\,dx_1 \tag{2.24}$$

A ponta da trinca (ponta do corte) é um forte concentrador de tensão. Vamos investigar a característica desta concentração via análise assintótica do campo de tensão. Para $r << \ell$ a equação (2.24) pode ser representada na seguinte forma:

$$\mu\varphi'(z) = \frac{iK_{III}}{\sqrt{2\pi(z - \ell)}} + \ldots \tag{2.25}$$

onde K_{III} é uma notação do fator constante

$$K_{III} = \frac{1}{\sqrt{\pi\ell}}\int_{-\ell}^{\ell}\tau(x_1)\sqrt{\frac{\ell + x_1}{\ell - x_1}}\,dx_1 \tag{2.26}$$

As componentes de tensão estão representadas pelas partes real e imaginária da expressão (2.25):

$$\sigma_{13} = -\frac{K_{III}}{\sqrt{2\pi r}}\operatorname{sen}\frac{\theta}{2} + \ldots;$$

$$\sigma_{23} = -\frac{K_{III}}{\sqrt{2\pi r}}\cos\frac{\theta}{2} + \ldots; \tag{2.27}$$

A assintótica para $\varphi(z)$ obtém-se dividindo a equação (2.25) por μ e integrando:

$$\varphi(z) = \frac{iK_{III}}{\mu\sqrt{\pi}}\sqrt{2(z - \ell)} + \ldots \tag{2.28}$$

Deste modo,

$$u_3 = \operatorname{Re}[\varphi(z)] = \frac{K_{III}}{\mu}\sqrt{\frac{2r}{\pi}}\operatorname{sen}\frac{\theta}{2} + \ldots \tag{2.29}$$

As parcelas regulares são desprezíveis nas equações (2.27) e as parcelas regulares do tipo $r_\beta\left(\beta \geq \frac{3}{2}\right)$ não são consideradas na equação (2.29).

58

A solução obtida mostra o crescimento ilimitado da tensão para $r \to 0$ (como $1/\sqrt{r}$).Seguindo a Lei de Hooke tem-se o mesmo comportamento da deformação. O deslocamento tem a tendência a zero como $\sqrt{r}$. O fator K_{III} é um fator de intensidade de tensão, introduzido no item 2.1, que depende da distribuição da carga ao longo do corte.

Para $\tau(x1) = \tau = $ cte. tem-se, simplesmente:

$$K_{III} = \frac{\tau}{\sqrt{\pi\ell}} \int_{-\ell}^{\ell} \sqrt{\frac{\ell+x_1}{\ell-x_1}}\, dx_1 = \frac{\tau}{\sqrt{\pi\ell}} \left[\sqrt{\ell_2 - x^2} + \ell\,\mathrm{arcsen}\,\frac{x}{\ell} \right]_{-\ell}^{\ell} = \tau\sqrt{\pi\ell} \qquad (2.30)$$

Este valor de K_{III} corresponde ao corpo infinito. O cálculo de fatores de intensidade de tensão para corpos reais é, como foi destacado, um problema bastante complicado. Geralmente é suposto que $K_{III} = \tau\sqrt{\pi\,\ell}\,\gamma$ e o resultado está apresentado na forma de tabelas para o fator adimensional de correção "γ", que depende da geometria do corpo.

2.4 Tração (Modo I)

O problema de contorno, para um corpo com trinca submetida à tração, é o mais importante na mecânica linear da fratura e também tem vários caminhos que nos levam à solução. Vamos considerar o método clássico da análise complexa.

O número de variáveis independentes no problema plano é maior do que o no problema antiplano. Apenas um componente do deslocamento, três componentes da tensão e três componentes da deformação são iguais a zero ou dependentes linearmente.

Como no último caso, utilizando o princípio da superposição, podemos substituir o problema considerado por dois problemas mais simples, indicados a seguir (Figura 2.6):

1 a tração do corpo infinito sem trinca exercida pela tensão externa $p(x_1)$;

2 a deformação do plano com corte, exercida pela tensão – $p(x_1)$ aplicada na sua superfície.

A solução do primeiro problema é a elementar:

$$\sigma_{12} = 0; \qquad \sigma_{22} = p(x_1); \qquad u_2 = x_2 p(x_1)/E \qquad (2.31)$$

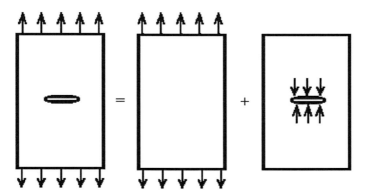

FIGURA 2.6 – Método de superposição para trinca do Modo I.

As condições de contorno para o segundo problema são:

$$\sigma_{12} = 0, \qquad \sigma_{22} = -p(x_1); \qquad (x_2 = 0, |x_1| \leq \ell) \qquad (2.32)$$

De acordo com estas condições, com a simetria do corpo e carga relativa à linha da trinca, podemos considerar que $\sigma_{12} = 0$ ($x_2 = 0$). As condições no infinito refletem o amortecimento das tensões:

$$\sigma_{12} \to 0, \qquad \sigma_{22} \to 0 \qquad (2.33)$$

A formulação complexa do problema plano de contorno é apresentada pelas fórmulas de Kolosov-Muskhelishvili (1953). Uma das três equações de equilíbrio ficou obedecida automaticamente (item 1.5.) As três componentes independentes da tensão obedecem às outras duas equações, no caso de serem apresentadas pelas duas funções complexas na seguinte forma:

$$\sigma_{11} + \sigma_{22} = 4\operatorname{Re}[\varphi'(z)]; \overline{z} \ \sigma_{22} - \sigma_{11} + 2i\sigma_{12} = 2[\varphi''(z) + \Psi'(z)] \qquad (2.34)$$

As componentes do deslocamento satisfazem à equação

$$2\mu(u_1 + u_2) = \kappa\varphi(z) - z\overline{\varphi''(z)} - \overline{\Psi(z)} \qquad (2.35)$$

A barra acima marca as funções complexas conjugadas, sendo $\kappa = 3-4\nu$ na tensão plana e $\kappa = (3-\nu)/(1+\nu)$ na deformação plana.

Em razão da $\sigma_{12} = 0$ em todo o eixo x_1, a segunda equação de (2.34) pode ser representada para $x_2 = 0$ como:

$$\text{Im}\left[\bar{z}\ ''(z) + \Psi'(z)\right] = 0 \tag{2.36}$$

A equação (2.36) é obedecida automaticamente se as funções $\varphi'(z)$ e $\Psi'(z)$ forem expressas por uma função $Z_1(z)$, da seguinte forma:

$$\varphi'(z) = Z_1(z)/2; \qquad\qquad \Psi'(z) = -zZ_1'(z)/2 \tag{2.37}$$

Realmente, substituindo (2.37) em (2.36) tem-se:

$$2\text{Im}\left[\bar{z}\ ''(z) + \Psi'(z)\right] = -ix_2\left(\text{Re}\,Z_1'(z) + i\text{Im}\,Z_1(z)\right) \equiv 0 \quad (x_2 = 0) \tag{2.38}$$

Desse modo, o problema é formulado pela única função $Z_1(z)$, que determina as componentes da tensão:

$$\sigma_{11} = \text{Re}\,Z_1 - x_2\text{In}Z_1'; \quad \sigma_{22} = \text{Re}\,Z_1 + x_2\text{In}Z_1'; \quad \sigma_{12} = -x_2\,\text{Re}\,Z_1' \tag{2.39}$$

Utilizando denotação, $Z_2(z) = \int Z_1(z)dz$, as funções $\varphi(z)$ e $\Psi(z)$ expressam-se como:

$$(z) = Z_2(z)/2; \qquad\qquad \Psi(z) = -(zZ_1(z) + Z_2(z))/2 \tag{2.40}$$

Então, as componentes do deslocamento podem ser expressas por:

$$2\mu u_1 = (\kappa-1)\text{Re}\,Z_2/2 - x_2\text{Im}\,Z_1; \quad 2\mu u_2 = (\kappa+1)\text{Im}\,Z_2/2 - x_2\,\text{Re}\,Z_1 \tag{2.41}$$

As condições de contorno para Z_1, seguindo (2.32), (2.34) e (2.35), são:

$$\text{Re}\,Z_1 = -p(x_1) \qquad (x_2 = 0, |x_1| \le \ell) \tag{2.42}$$

A análise, descrita no item 2.3, fornece:

$$Z_1 = \frac{1}{\pi\sqrt{z^2 - \ell^2}} \int_{-\ell}^{\ell} \frac{p(x_1)\sqrt{\ell^2 - x_1^2}}{z - x_1} dx_1 \tag{2.43}$$

O comportamento assintótico próximo da ponta da trinca é descrito em coordenadas polares $z - \ell = re^{i\theta}\,(\ell >> r \to 0)$ por

$$Z_1 = \frac{K_I}{\sqrt{2\pi(z - \ell)}} + \dots \tag{2.44}$$

onde K_I é um fator de intensidade de tensão, que dependendo da distribuição da carga externa e do comprimento da trinca:

$$K_I = \frac{1}{\sqrt{\pi 1}} \int_{-\ell}^{\ell} p(x_1) \sqrt{\frac{\ell + x_1}{\ell - x_1}} \, dx_1 \qquad (2.45)$$

Para a distribuição uniforme ($p(x_1) = p = $ cte.), chega-se à simples equação:

$$K_I = p\sqrt{\pi\ell} \qquad (2.46)$$

Assim, como no caso do cisalhamento antiplano, os fatores de intensidade de tensão, para muitos tipos geométricos dos elementos estruturais com trincas são representados na forma do tipo (2.46) acrescidas por um fator corretivo. Esse fator pode ser aproximado pelas funções elementares ou dado em tabelas (consulte os exemplos em Anexo).

Finalmente tem-se os campos assintóticos para componentes de tensão e de deslocamento:

$$\sigma_{11} = \frac{K_I}{\sqrt{2\pi r}} \cos\frac{\theta}{2}\left(1 - \text{sen}\frac{\theta}{2}\text{sen}\frac{3\theta}{2}\right)$$

$$\sigma_{22} = \frac{K_I}{\sqrt{2\pi r}} \cos\frac{\theta}{2}\left(1 + \text{sen}\frac{\theta}{2}\text{sen}\frac{3\theta}{2}\right)$$

$$\sigma_{12} = \frac{K_I}{\sqrt{2\pi r}} \text{sen}\frac{\theta}{2}\cos\frac{3\theta}{2}; \qquad (2.47)$$

$$u_1 = \frac{K_I}{\mu}\sqrt{\frac{r}{2\pi}} \cos\frac{\theta}{2}\left(\frac{\kappa - 1}{2} + \text{sen}^2\frac{\theta}{2}\right)$$

$$u_2 = \frac{K_I}{\mu}\sqrt{\frac{r}{2\pi}} \text{sen}\frac{\theta}{2}\left(\frac{\kappa + 1}{2} + \cos^2\frac{\theta}{2}\right)$$

As componentes de tensão e deformação têm a singularidade do tipo $r^{-1/2}$ e as componentes de deslocamento têm a tendência a zero na ponta da trinca como $r^{1/2}$.

2.5 Cisalhamento plano (Modo II)

O problema de contorno para um corpo infinito com trinca do Modo II resolve-se por técnica análoga. Aplicando o princípio da superposição, considera-se o problema de cisalhamento uniforme e o problema para corpo com trinca carregado na superfície desta:

$$\sigma_{12} = -\tau(x_1), \qquad \sigma_{22} = 0 \left(x_2 = 0, \; |x_1| \leq \ell \right) \tag{2.48}$$

e com condição de tensão igual a zero no infinito. A solução do primeiro problema é evidente e o segundo resolve-se de modo análogo ao descrito no item 2.4.

Seguindo as fórmulas de Kolosov – Muskhelishvili, temos:

$$\sigma_{22} + i\sigma_{12} = 2\,\mathrm{Re}\ '(z) + \bar{z}\ ''(z) + \Psi(z) \tag{2.49}$$

Sendo $\sigma_{22} = 0$, na superfície da trinca, tem-se:

$$\mathrm{Re}[2\ '+\zeta\ ''+\Psi'] = 0, (x_2 = 0) \tag{2.50}$$

Esta condição é obedecida no caso de

$$'' = -(i/2)Z_3(z), \qquad \Psi' = (i\,/\,2)\left[2Z_3(z) + zZ_3'(z) \right] \tag{2.51}$$

onde $Z_3(z)$ é uma função complexa indeterminada. Desse modo, as componentes da tensão e do deslocamento são:

$$\sigma_{11} = 2\,\mathrm{Im}\,Z_3 + x_2\,\mathrm{Re}\,Z_3'\,; \quad \sigma_{22} = -x_2\,\mathrm{Im}\,Z_3'\,; \quad \sigma_{12} = \mathrm{Re}\,Z_3 - x_2\,\mathrm{Im}\,Z_2'\,; \tag{2.52}$$

$$2\mu\ u_1 = [(\kappa+1)\,/\,2]\mathrm{Im}\,Z_4 + x_2\,\mathrm{Re}\,Z_3; 2\mu\ u_2 = -[(\kappa-1)\,/\,2]\mathrm{Re}\,Z_4 - x_2\,\mathrm{Re}\,Z_3$$

onde $Z_4'(z) = Z_3(z)$ Então, a questão é determinar a função holomorfa $Z_3(z)$, que obedece as condições de contorno:

$$\mathrm{Re}\,Z_3 = -\tau(x_1) \qquad (x_2 = 0, \; |x_1| \leq \ell) \tag{2.53}$$

e decrescente no infinito como $z^\beta\,(\beta \leq -2)$.

A solução é análoga aos casos de deformação antiplana e de tração, com resultado igual a

$$Z_3 = \frac{1}{\pi\sqrt{z_2 - \ell^2}} \int_{-\ell}^{\ell} \frac{\tau(x_1)\sqrt{\ell^2 - x_1^2}}{z - x_1} \, dx_1$$

(2.54)

A assintótica para Z_3, numa área nas vizinhanças da ponta da trinca, tem a forma:

$$Z_3 = \frac{K_{II}}{\sqrt{2\pi(z - \ell)}} + \ldots$$

(2.55)

onde o fator intensidade de tensão para trinca do Modo II é:

$$K_{II} = \frac{1}{\sqrt{\pi\ell}} \int_{-\ell}^{\ell} \tau(x_1)\sqrt{\frac{\ell + x_1}{\ell - x_1}} \, dx_2$$

(2.56)

No caso de carregamento uniforme $\tau(x_1) = \tau = \text{cte.}$:

$$K_{II} = \sqrt{\pi\ell}$$

(2.57)

Finalmente, os campos assintóticos para tensão e deslocamento são:

$$\sigma_{11} = -\frac{K_{II}}{\sqrt{2\pi r}} \operatorname{sen}\frac{\theta}{2}\left(2 + \cos\frac{\theta}{2}\cos\frac{3\theta}{2}\right)$$

$$\sigma_{12} = \frac{K_{II}}{\sqrt{2\pi r}} \operatorname{sen}\frac{\theta}{2}\cos\frac{\theta}{2}\cos\frac{3\theta}{2}$$

(2.58)

$$\sigma_{22} = \frac{K_{II}}{\sqrt{2\pi r}} \cos\frac{\theta}{2}\left(1 - \operatorname{sen}\frac{\theta}{2}\operatorname{sen}\frac{3\theta}{2}\right)$$

$$\mu u_1 = K_{II}\sqrt{\frac{r}{2\pi}} \operatorname{sen}\frac{\theta}{2}\left(\frac{\kappa + 1}{2} + \cos^2\frac{\theta}{2}\right)$$

$$\mu u_2 = K_{II}\sqrt{\frac{r}{2\pi}} \cos\frac{\theta}{2}\left(-\frac{\kappa - 1}{2} + \operatorname{sen}^2\frac{\theta}{2}\right)$$

Nota-se que estas expressões têm a mesma forma como as do Modo I e Modo III, com o índice de singularidade de tensão igual a $-1/2$.

2.6 Tenacidade à fratura

Os resultados dos itens 2.3 – 2.5 permitem chegar à seguinte conclusão: o estado tensão/deformação na área próxima à ponta da trinca de Modo I, Modo II ou Modo III em material elástico-linear é caracterizado pelo fator de intensidade de tensão, que é o único parâmetro a ser considerado em relação à carga aplicada e à geometria do espécime analisado. As funções de distância do ponto ($r^{-1/2}$ para componentes de tensão e deformação e $r^{1/2}$ para componentes de deslocamento) e funções adimensionais do ângulo polar são gerais para todos os corpos com trincas e quaisquer valores de carga. O papel dos fatores de intensidade de tensão, introduzidos formalmente no processo de solução do problema de contorno, é de grande importância nos problemas práticos da mecânica da fratura.

O conhecimento do estado tensão/deformação permite reanalisar os problemas da fratura. Considerando-se a trinca não simplesmente como um corte, mas como entalhe que pode se propagar, uma nova questão aparece: o critério de propagação. Esse critério deve conectar o comprimento da trinca com o valor crítico da carga externa. A inclusão do critério da fratura local (da propagação da trinca) transforma um problema da teoria da elasticidade com geometria e carga independentes em um problema da mecânica da fratura. Matematicamente, o critério da fratura local é uma condição de contorno adicional em corpo elástico (na superfície da trinca).

Até agora foi considerado apenas um critério da propagação da trinca – critério energético de Griffith. O segundo critério importante em termos de força foi formulado por Irwin (1957a). Ele analisou que se o processo da fratura está localizado próximo a ponta da trinca, é natural supor que este é controlado pelos campos assintóticos de tensão e deformação. A intensidade e, por conseguinte, o grau de perigo desses campos para a integridade estrutural são completamente descritos pelos fatores de intensidade de tensão. O critério de Irwin supõe que a trinca se propaga quando o fator de intensidade de tensão atinge um valor crítico. Para cada modo geométrico da fratura esse critério tem a forma

$$K_\alpha = K_{\alpha c} \, (\alpha = I, II, III)$$

(2.59)

O valor crítico do fator de intensidade de tensão $K_{\alpha c}$ para temperatura e velocidade de carregamento fixas é considerado como uma constante do material e chama-se "tenacidade à fratura". Esta constante caracteriza a resistência do material à propagação da trinca, em outras palavras, a resistência à fratura frágil.

Os valores críticos de K_α podem ser determinados somente de forma experimental. A metodologia dos testes de tenacidade à fratura é um difícil problema e de grande importância prática. As normas dos testes nos EUA, na Rússia e em alguns outros países são diferentes e a criação de uma norma geral internacional é um dos objetivos das sociedades científicas e congressos na área de mecânica da fratura.

O mais importante dos modos geométricos de fratura é a tração, pois este é o carregamento comum de muitos elementos estruturais já que, frequentemente, a carga está aplicada em direção normal ao maior defeito. Por outro lado, os valores de K_{Ic} para a maioria dos materiais estruturais são menores do que de K_{IIc} e K_{IIIc}. Assim, a resistência à fratura em tração é a menor, e o termo "tenacidade à fratura", geralmente, representa o valor de K_{Ic}.

Consideraremos agora, a aplicação do critério apresentado em (2.59). Sua aplicação é bastante simples, se o valor da constante $K_{\alpha c}$ é conhecido para o material e condições de carregamento considerados. Utilizando a aproximação do fator de intensidade de tensão para corpo com trinca, obtém-se a equação, que relaciona o comprimento da trinca e a carga. Para corpos padronizados com trinca do Modo I esta equação tem a forma:

$$q\sqrt{\pi\ell}\,Y(\ell/w) = K_{IC} \qquad\qquad (2.60)$$

onde "q" é a tensão no contorno distante da trinca (carga externa), "w" é a largura do corpo, $Y(\ell/w)$ é a função adimensional, dependente da forma do corpo. A equação (2.60) permite resolver os dois problemas básicos:

1 Determinar o valor crítico da carga para corpo com trinca de comprimento conhecido (problema da integridade estrutural).

2 Determinar o máximo comprimento permitido da trinca para condições de carregamento conhecidos (problema do controle da capacidade de carga).

Esses esquemas simples podem ser complicados por diversos aspectos. Um primeiro aspecto está relacionado com o parâmetro K_{Ic}. Não é suficiente definir este valor uma só vez para cada material. Na realidade, esse parâmetro depende de algumas variáveis: espessura do corpo, temperatura, velocidade do carregamento e outros. A aplicação do valor de K_{Ic} é possível somente sob as mesmas condições, nas quais este valor foi determinado.

Outra dificuldade relaciona-se à característica local dos parâmetros K_{α}. O critério utilizando K_{α}, descreve a possibilidade da propagação da trinca de forma localizada. Entretanto, ainda existe a questão: "Ocorrerá a propagação até a fratura total?".

Para considerar essa questão, o mais importante é avaliar a estabilidade do estado crítico. Quando as condições de carregamento determinam um aumento do fator de intensidade de tensão ao incremento do comprimento da trinca, a propagação é instável e resulta em fratura total. O decréscimo do fator de intensidade de tensão durante o incremento do comprimento da trinca corresponde ao estado crítico estável. Nesse estado a trinca não pode se propagar sob carga constante. Para o aumento da trinca é sempre necessário o incremento da carga externa. Desse modo, os estados críticos estáveis obedecem ao menos uma das seguintes equações:

$$dK_I / d\ell < 0; \quad dq / d\ell < 0 \tag{2.61}$$

onde "q" é um parâmetro do carregamento. O exemplo clássico do estado crítico estável é a tração do corpo com trinca central por forças concentradas, aplicadas no centro da superfície da trinca (Figura 2.7). A distribuição de tensão na superfície da trinca neste caso é:

$$P(x) = P\delta(x_1) \tag{2.62}$$

onde "δ" é a função delta de Dirac. Substituindo em (2.45), obtém-se:

$$K_1 = \frac{P}{\pi \ell} \tag{2.63}$$

Esse resultado significa que o fator de intensidade de tensão decresce durante o crescimento da trinca sob carga constante. Para aumento de K_I é necessário o aumento da força P.

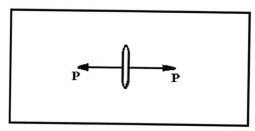

FIGURA 2.7 – O exemplo da trinca estável.

O critério na forma (2.59) é válido somente para estado puro de tração (α = I, $K_{II} = K_{III} = 0$), de cisalhamento plano (α = II, $K_I = K_{III} = 0$) ou de cisalhamento antiplano (α = III, $K_I = K_{II} = 0$). As condições do estado crítico estável (2.62) podem ser formuladas também para trincas de Modo II ou de Modo III. No caso geral tem-se os três fatores de intensidade de tensão não nulos. O critério da fratura local inclui três constantes do material e tem uma forma mais complicada:

$$F(K_I, K_{II}, K_{III}, K_{Ic}, K_{IIc}, K_{IIIc}) = 0 \qquad (2.64)$$

A determinação da função F é um dos mais importantes problemas da mecânica da fratura. Esse é um dos objetivos das numerosas investigações experimentais e dos modelos teóricos. Atualmente, as formas padronizadas do critério (2.64) existem para alguns casos particulares. Deve-se notar que a forma determinada para alguns materiais estruturais não pode ser sempre aplicada para outros materiais.

Assim, os problemas simples da mecânica linear da fratura podem ser resolvidos utilizando as constantes de material K_{Ic}, K_{IIc}. K_{IIIc}; funções K_I (ℓ / w), K_{II} (ℓ / w), K_{III} (ℓ / w); e o critério do tipo (2.59). Os valores de tenacidade à fratura para muitos materiais estruturais sob condições diferentes estão publicados em compêndios de materiais (por exemplo: MCIC, 1991; Hudson & Seward, 1978). Atualmente, esses valores são uma parte necessária da informação sobre as propriedades do material publicado pelo fabricante. Os compêndios de fatores de intensidade de tensão incluem os valores destes para corpos de formas diferentes com concentrador de tensão (por exemplo: Rooke & Cartwright, 1976). As investigações de fatores de intensidade de tensão para novas variantes da geometria do corpo com concentrador e do carregamento são frequentemente publicadas em revistas especializadas. Geralmente, a determinação do fator intensidade de tensão para uma geometria complicada de corpo com concentrador de tensão é um problema matematicamente difícil e demanda a aplicação dos métodos numéricos avançados. Algumas vezes a solução pode ser obtida com maior facilidade, utilizando-se os resultados conhecidos e o princípio de superposição. Os fatores intensidade de tensão para alguns corpos de prova padronizados são apresentados no Anexo.

A equivalência dos critérios energético (G_c) e de força (K_{Ic}) foi verificada por Irwin (1957b). Considera-se o alongamento da trinca de um valor dℓ. À frente da ponta da trinca tem-se o campo singular da tensão. Durante a sua propagação ocorre o descarregamento desse segmento. O incremento da energia potencial do corpo W é

$$G = \partial W / \partial \ell.$$

Os deslocamentos laterais do segmento dℓ, carregado pela força $\sigma_{yy}dx = \sigma_{22}dx_1$ são: ± 2v (ou ± 2u$_2$; Figura 2.8).

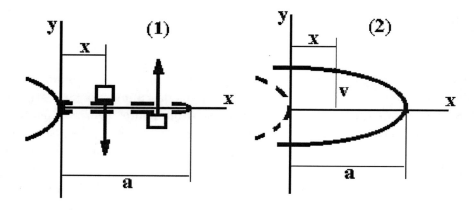

FIGURA 2.8 – Fim da trinca antes (1) e depois (2) do alongamento elementar.

Então, a densidade de energia na ponta da trinca é:

$$G = \lim_{a \to 0} \left(\frac{1}{2a} \int_0^a \sigma_{22} 2u_2 \, dx_1 \right) \quad (2.65)$$

Substituindo as fórmulas assintóticas para σ_{22} e u_2 (2.47, $\theta = 0$) chega-se a:

$$G = (1 - v^2)\frac{K_1^2}{E} - \text{deformação plana} \quad (2.66)$$

$$G = \frac{K_1^2}{E} - \text{tensão plana}$$

Desse modo, existe a correspondência completa entre as características energéticas e de força no caso do material elástico-linear.

2.7 Fratura quase-frágil

Como foi verificado a solução singular para campo assintótico de tensão é valida fora de uma pequena área próxima da ponta da trinca, onde se concentram os processos da deformação não linear e do dano. O processo da deformação mais importante para metais sob temperatura ambiente é o escoamento plástico, e sob temperatura alta é a fluência.

O estudo do estado do material na zona da deformação não elástica e de fratura é um problema da moderna mecânica da fratura. A forma desta zona é determinada pela solução de um problema de contorno para um material elástico-plástico ou um material elástico-viscoplástico. Esses problemas são muito complicados matematicamente, hoje, a solução geral existe somente para trinca do Modo III em material elástico-plástico ideal.

Aplicando os métodos da mecânica linear da fratura é possível avaliar aproximadamente a extensão da zona plástica. Uma vez que esta zona é muito pequena e não tem influência na distribuição de tensão na zona elástica, este modo da fratura chama-se "fratura quase-frágil". A condição do escoamento formulada por Von Mises é

$$(\sigma_1 - \sigma_2)^2 + (\sigma_2 - \sigma_3)^2 + (\sigma_3 - \sigma_1)^2 = 2\sigma_{ys}{}^2 \tag{2.67}$$

onde σ_1, σ_2, σ_3 são as componentes principais de tensão determinadas por

$$\sigma_{1,2} = \frac{\sigma_{xx} + \sigma_{yy}}{2} \pm \sqrt{\left(\frac{\sigma_{xx} - \sigma_{yy}}{2}\right)^2 + \sigma_{xy}^2} \tag{2.68}$$

$$\sigma_3 = \begin{cases} \nu(\sigma_1 + \sigma_2), & \text{deformação plana} \\ 0, & \text{tensão plana} \end{cases}$$

Usando fórmulas assintóticas (2.47) chega-se a:

$$\sigma_1 = \frac{K_I}{\sqrt{2\pi r}} \cos\frac{\theta}{2}\left(1 - \text{sen}\frac{\theta}{2}\text{sen}\frac{3\theta}{2}\right) ; \tag{2.69}$$

$$\sigma_2 = \frac{K_I}{\sqrt{2\pi r}} \cos\frac{\theta}{2}\left(1 + \text{sen}\frac{\theta}{2}\text{sen}\frac{3\theta}{2}\right) ;$$

$$\sigma_3 = \begin{cases} \dfrac{2\nu K_I \cos\dfrac{\theta}{2}}{\sqrt{2\pi r}} & \text{deformação plana} \\ \\ 0 & \text{tensão plana} \end{cases}$$

A substituição de (2.69) no critério de escoamento (2.67) resulta na relação entre o raio-vetor da zona plástica e o ângulo polar. Para o estado de deformação plana tem-se:

$$r_p(\theta) = \frac{K_I^2}{4\pi\sigma_{ys}^2}\left[\frac{3}{2}\text{sen}^2\theta + (1-2\nu)^2(1+\cos\theta)\right] \quad (2.70)$$

e para estado de tensão plana:

$$r_p(\theta) = \frac{K_I^2}{4\pi\sigma_{ys}^2}\left[\frac{3}{2}\text{sen}^2\theta + \cos\theta + 1\right] \quad (2.71)$$

Esses resultados são representados na Figura 2.9 utilizando raio-vetor adimensional $\rho = r_p(K_I/\pi\sigma_{ys})^2$.

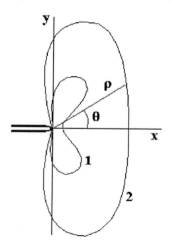

FIGURA 2.9 – Zona plástica na ponta da trinca do Modo I (1. deformação plana; 2. tensão plana).

A diferença da forma e do tamanho da zona plástica nos casos de deformação plana e de tensão plana é significativa. No eixo da trinca ($\theta = 0$) tem-se:

$$r_p = \frac{K_I^2}{2\pi\sigma_{ys}^2}(1-2\nu)^2 \quad \text{, deformação plana}$$

$$r_p = \frac{K_I^2}{2\pi\sigma_{ys}^2} \quad \text{, tensão plana}$$

Substituindo-se o valor do Coeficiente de Poisson médio para metais (ν = 1/3), obtém-se a zona plástica em deformação plana nove vezes menor que em tensão plana. A principal causa dessa diferença é o efeito da restrição do estado tensão/deformação triaxial à deformação plana. O tamanho menor da zona plástica significa uma menor resistência à propagação da trinca e uma característica mais frágil ao nível local da fratura sob condições de deformação plana. Então, esta situação corresponde à fratura frágil sob nível de carga externa comparativamente baixa e, em consequência, é mais perigosa.

No eixo da trinca, para $\theta = 0$, $\sigma_{xy}(0) = 0$; e $\sigma_{xx}(0) = \sigma_{yy}(0)$ são as tensões principais. A terceira componente principal de tensão é

$\sigma_{zz} = 0$ para tensão plana
ou
$\sigma_{zz} = 2\nu\, \sigma_{yy}(0)$ para deformação plana.

O critério de Von Mises com $\nu=1/3$ fornece:

$$\begin{cases} \sigma_{yy}(0) = \sigma_{ys}/(1-2\nu) = 3\sigma_{ys}, & \text{deformação plana} \\ \sigma_{yy}(0) = \sigma_{ys} & , \text{tensão plana} \end{cases} \quad (2.72)$$

Então, o limite efetivo do escoamento cresce três vezes devido a restrição em deformação plana. Nas condições de tensão plana, a componente σ_{xx} não tem influência no escoamento plástico e o limite do escoamento efetivo é igual ao limite de plasticidade sob tração uniaxial. A distribuição de tensão no eixo da trinca ($\theta = 0$) para deformação plana e para tensão plana está representada na Figura 2.10.

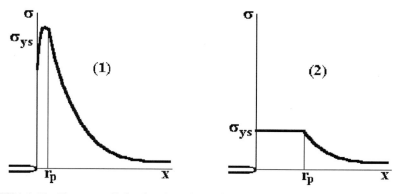

FIGURA 2.10 – Tensão na linha da trinca do Modo I (1. deformação plana; 2. tensão plana).

Deve se notar que esta análise da forma e do tamanho da zona plástica é muito aproximada. Ela permite mostrar apenas a diferença entre os casos de deformação plana e de tensão plana. As soluções corretas dos problemas elástico-plásticos utilizando-se os métodos numéricos e as investigações experimentais fornecem resultados bastante diferentes. As limitações da análise simplificada explicam-se por infração das condições de equilíbrio. A substituição de tensão infinita pelo limite de escoamento nas proximidades da ponta da trinca, diminui a tensão total na seção resistente em comparação à carga aplicada à distância. Evidentemente este método pode ser aplicado somente como assintótico, para uma zona plástica restrita às proximidades da zona (1) representada na Figura 2.4. A análise da zona plástica maior do que pode ser considerada na mecânica da fratura quase-frágil (onde a distribuição elástica de tensão predomina) é um objetivo da mecânica não linear da fratura. Estes problemas serão considerados nos itens 3.1, 3.2.

Nos limites da mecânica linear da fratura só é possível averiguar e considerar, aproximadamente, apenas a existência da zona não elástica na ponta da trinca. Frequentemente, é suposta uma forma circular para esta zona. Um novo parâmetro "δ" (deslocamento da abertura da trinca) é introduzido formalmente como diferença dos deslocamentos das superfícies da trinca na fronteira da zona plástica circular (Figura 2.11). Este parâmetro é ligado ao fator intensidade de tensão. Na análise simplificada considera-se a distribuição de tensão do tipo apresentado na Figura 2.10. Esta forma da curva $\sigma = \sigma(r)$ é suposta para tensão plana e também para deformação plana. O limite de escoamento é $k\sigma_{ys}$, sendo $k = 1$ para tensão plana e $k = 3$ para deformação plana. Uma estimativa padronizada do tamanho da zona plástica utiliza o valor $k = \sqrt{3}$ no caso da deformação plana, que corresponde ao valor do parâmetro de Poisson $\nu = 1/2 - \sqrt{3/6} \approx 0{,}21$:

$$
r_p = \begin{cases} \dfrac{K_I^2}{2\,\pi\,\sigma_{ys}^2}, & \text{tensão plana} \\[3mm] \dfrac{K_I^2}{6\,\pi\,\sigma_{ys}^2}, & \text{deformação plana} \end{cases} \tag{2.73}
$$

Para a estimativa desta zona no estado crítico o fator intensidade de tensão K_I é substituído pela tenacidade à fratura K_{Ic}:

$$r_{pc} = \begin{cases} \dfrac{K_{Ic}^2}{2\pi\sigma_{ys}^2}, & \text{tensão plana} \\ \dfrac{K_{Ic}^2}{6\pi\sigma_{ys}^2}, & \text{deformação plana} \end{cases} \quad (2.74)$$

O parâmetro r_{pc} é uma grandeza para avaliar a possibilidade de aplicar a análise quase-frágil.

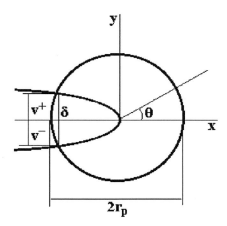

FIGURA 2.11 – Deslocamento da abertura na ponta da trinca.

Esta análise, baseada na assintótica elástica, foi desenvolvida por Irwin (1960). Ele construiu a aproximação da tensão na seção resistente, que obedece às condições de equilíbrio. Para conseguir isso, foi suposto o deslocamento paralelo à direita da curva assintótica. O decréscimo da tensão na zona plástica em comparação com a distribuição assintótica (2.69) (obtido em acordo com equações de equilíbrio) é compensado pelo aumento na zona elástica (Figura 2.12).

O deslocamento r_1 é calculado pela equação da área do triângulo ABC e da área do paralelogramo CDFE (Figura 1.12). A área de triângulo é:

$$S_1 = \int_0^{r_p} \left(\frac{K_I}{\sqrt{2\pi x}} - k\sigma_{ys} \right) dx = \frac{2K_I\sqrt{r_p}}{\sqrt{2\pi}} - k\sigma_{ys}r_p \quad (2.75)$$

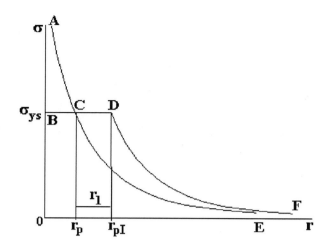

FIGURA 2.12 – Tamanho da zona plástica segundo Irwin.

Utilizando a avaliação do tamanho da zona plástica chega-se a:

$$S_1 = \frac{1}{2\pi} \frac{K_I^2}{\kappa \sigma_{ys}} = r_p k \sigma_{ys} \qquad (2.76)$$

A área do paralelogramo não linear é:

$$S_2 = r_1 k \sigma_{ys} \qquad (2.77)$$

A condição de equilíbrio $S_1 = S_2$ fornece $r_1 = r_p$. Desse modo, o tamanho da zona plástica segundo Irwin é $r_{pI} = r_1 + r_p = 2r_p$. É necessário introduzir o Fator 2 na avaliação simples (2.73) para obedecer as condições de equilíbrio. Finalmente, tem-se:

$$r_p = \frac{1}{\pi}\left(\frac{K_1}{k\sigma_{ys}}\right)^2, \quad k = \begin{cases} 1 & \text{para tensão plana} \\ \sqrt{3} & \text{para deformação plana} \end{cases} \qquad (2.78)$$

Deve-se analisar mais detalhadamente o acesso "quase-frágil" aos problemas da fratura. De um lado, é permitida a existência dos efeitos não lineares nas vizinhanças da ponta da trinca, de outro, esses efeitos são considerados como fortemente localizados e não tendo influência na distribuição da tensão fora da pequena zona plástica. A aplicação da solução assintótica para avaliação do tamanho da zona plástica requer uma localização extrema desta zona. É necessário que a solução assintótica não só exista na escala da zona plástica, mas que predomine nessa escala; em outras palavras, é válida também na escala de ordem maior. As suposições da análise quase-frágil são muito fortes. A análise da zona plástica nos limites da teoria da plasticidade fornece resultados diferentes e será considerada no Capítulo 3.

O processo da fratura quase-frágil é descrito pelos parâmetros do campo da tensão elástico-linear. A principal fonte da energia para fratura nesse caso é a energia da deformação elástica e o processo tem a característica frágil em nível global. O prefixo "quase" indica que esta característica não é válida em nível local. Geralmente a mecânica da fratura quase-frágil é a generalização dos métodos da mecânica linear da fratura aos materiais não idealmente lineares. Esse acesso é válido, se a carga limite real é significativamente menor que a carga correspondente à tensão média na seção resistente igual ao limite da resistência. A observação experimental mostra que esta situação corresponde ao limite de tensão na seção resistente menor que $0{,}8\sigma_{vs}$ e a zona plástica menor que 1/5 do comprimento da trinca.

A análise da forma da zona plástica, utilizando a assintótica elástica e o critério de Von Mises, pode ser aplicada também para trincas do Modo II e do Modo III. Os resultados são apresentados na Figura 2.13. Nota-se que essas figuras indicam aproximadamente a forma da zona plástica em casos correspondentes.

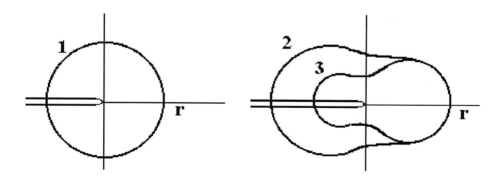

FIGURA 2.13 – Forma da zona plástica: 1. deformação antiplana; 2. tensão plana; 3. deformação plana.

O parâmetro r_p (comprimento da zona plástica ao longo do eixo da trinca) é uma grandeza importante para classificação da fratura. Se $r_p \to 0$ (a zona plástica é desprezível), a fratura tem a característica completamente frágil. Para $r_p < < \ell$ (a zona plástica é pequena em comparação ao comprimento da trinca e aos tamanhos do corpo), a fratura pode ser considerada como quase-frágil. No caso de $r_p \sim \ell$ (o tamanho da zona plástica tem ordem do comprimento da trinca) tem-se a fratura quase-dúctil, e $r_p \to \infty$ (escoamento plástico de toda a seção restante) corresponde a fratura completamente dútil. Como foi destacado, a mecânica linear da fratura pode ser aplicada somente nos primeiros dois casos. Esta conclusão refere-se à carga constante e ao meio ambiente inerte ou quase inerte. Sob condições de carga cíclica e/ou fragilização por hidrogênio aumenta o papel da mecânica linear da fratura.

2.8 Referências bibliográficas

1 CHEREPANOV, G. P. *Mechanics of Brittle Fracture*. New York: McGraw Hill, 1979.
2 GRIFFITH, A. A. The phenomenon of rupture and flow in solids. *Phil. Trans. Roy Soc.*, Ser. A, v.221, p.163-98, 1920.
3 HUDSON, C. M, SEWARD, S. K. A compendium of sources of fracture toughness and fatigue crack growth data for metallic alloys. *Int. Journal of Fracture*, v.14, n.4, p.R151-R184, 1978.
4 IRWIN, G. R. Analysis of stress and strain near the end of a crack traversing a plate. *J. Appl. Mech.*, v.24, n.3, p.361-4, 1957a.
5 _____. Relation of stresses near a crack to the crack extention force. ln: *Proc. 9th Int. Congr. Appl. Mech. (Brussels)*, v.8, p.245-51, 1957b.
6 _____. Plastic zone near a crack and fracture toughness, ln: *Proc. 7th Sagamore Mater. Conf.*, Syracuse Univ. Press, 1960.
7 METALS AND CERAMICS INFORMATION CENTER. *Aerospace Structural Metals Handbook*. Columbus, OH: Battelee Columbus Division, 1991, 5v.
8 MURAKAMI, Y. (Ed.) *Stress Intensity Factors Handbook*. Oxford, UK: Pergamon Press, 1987, 2v.
9 MUSKHELISHVILI, N. N. Some Basic Problems of the Theory of Elasticity. Noordhoff, Groningen, Netherlands, 1953.
10 ROOKE, D. R., CARTWRIGHT, D. J. *Compendium of Stress Intensity Factors*. London: Her Majesty's Stationery Office, 1976.

3 Elementos da mecânica não linear da fratura

Em geral, a integridade estrutural é determinada pela resistência à fratura, ou seja, à separação do corpo em partes. A mecânica linear clássica da fratura, considera o processo da fratura como instantâneo, e apenas dois tipos de estado de um elemento estrutural são supostos: o estado contínuo e o estado fraturado (de partes separadas). Esta teoria simplificada permite resolver de modo mais fácil os numerosos problemas de importância prática, entretanto, enfrenta restrições relacionadas à idealização linear.

As restrições principais são determinadas pelo modelo do material elástico-linear. A zona de comportamento mecânico não linear, deformação plástica, acumulação de dano etc. é supostamente localizada próxima da ponta da trinca, não tendo a influência no equilíbrio mecânico do corpo. Nas condições da fratura quase-dúctil (valor crítico da tensão média na seção resistente é 0,8 do limite do escoamento ou mais) esta zona de não linearidade já tem um tamanho significativo. Além disso, o próprio modelo do material elástico-linear, expresso pela Lei de Hooke, não é universal. A análise da resistência à fratura dos materiais não lineares (elásticos, plásticos, viscoelásticos ou viscoplásticos), não pode ser executada nos limites da mecânica clássica da fratura.

Até a análise quase-frágil considera o próprio processo da fratura, ou seja, a transição do estado contínuo ao estado fraturado, de maneira aproximada, sem detalhes. Um dos objetivos da mecânica não linear da fratura é investigar o estado intermediário da fratura, avaliando o tempo da propagação subcrítica de trincas, as condições críticas e as possibilidades para se evitar a fratura total.

A mecânica não linear da fratura é uma tentativa de considerar a influência de não linearidade de comportamento mecânico no processo da fratura, investigar de modo direto a forma, o tamanho e as propriedades da zona plástica nas vizinhanças da ponta da trinca, a acumulação de dano, a interação com o meio ambiente etc. Os problemas básicos, relacionados ao comportamento mecânico (não linearidade, plasticidade, fluência) serão considerados neste capítulo. A influência do carregamento cíclico, bem como, as teorias de dano contínuo serão os objetivos dos próximos capítulos.

3.1 Zona plástica nas vizinhanças da ponta da trinca sob escoamento desenvolvido

A análise da zona plástica, executada nos limites da mecânica linear da fratura (item 2.7), pode ser aplicada somente sob condições de forte restrição do escoamento plástico. Para muitos materiais dúcteis, isso implica um nível baixo de carga, que não comprometa a integridade estrutural. A investigação teórica da zona plástica nos casos da fratura dúctil e quase-dúctil baseia-se nas hipóteses da teoria da plasticidade e não utiliza assintóticas elástico-lineares de tensão.

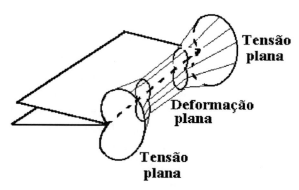

FIGURA 3.1 – Zona plástica restrita num corpo de espessura intermediária.

O primeiro objetivo desta investigação é caracterizar as diferenças entre os casos de tensão plana e deformação plana, indicadas no Capítulo 2. Considera-se um corpo plano com trinca em tração (Modo I, Figura 1.15). Os resultados da análise aproximada mostram que no estado de deformação plana, a zona plástica é menor devido ao efeito da restrição tridimensional.

Nas superfícies do corpo com trinca, livres de tensão normal, é observado o estado de tensão plana. No corpo de espessura significativa a área central permanece no estado de deformação plana. Entre esta área e as superfícies haverá uma área de transição. Aplicando as avaliações para o tamanho e a forma da zona plástica, apresentadas pela Figura 2.9, chega-se à variação destas áreas com a espessura, que é mostrada na Figura 3.1.

Nota-se que, as condições de tensão plana e de deformação plana são modelos ideais e nada ideal existe na realidade. Entretanto, podem ser especificados os casos, nos quais esses modelos fornecem uma razoável aproximação e que são confirmados por numerosos experimentos:

1 O estado puro de tensão plana pode ser assumido onde o tamanho da zona plástica, avaliado pela análise de Irwin, é maior que a espessura.

2 A deformação plana predomina se o tamanho da zona plástica de tensão plana, que existe nas superfícies, não ultrapassar 1/12 da espessura. Na Figura 3.2 são representadas as seções dos corpos com zona plástica nesses casos e também no caso intermediário.

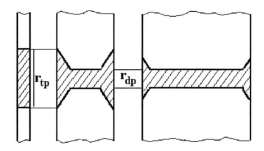

FIGURA 3.2 – Zona plástica no plano da trinca; r_{tp} é o tamanho para tensão plana, r_{dp} é o tamanho para deformação plana.

Nas condições do escoamento desenvolvido, os resultados baseados na análise linear fornecem um erro significativo. Apesar disso, o esquema da Figura 3.2, que mostra a restrição do escoamento pelo estado de tensão multiaxial, ainda é válido.

É bem conhecido, que no nível local a deformação plástica é caraterizada pelos processos de deslizamento controlados pela tensão de cisalhamento. Os planos de maior desenvolvimento do escoamento correspondem à tensão máxima de cisalhamento $\tau_{máx}$. Na Figura 3.3 são apresentados os Círculos de Mohr para os casos de tensão plana e de deformação plana.

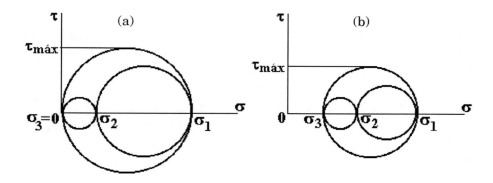

FIGURA 3.3 – Círculos de Mohr para tensão plana (a) e deformação plana (b).

Consideram-se as tensões principais σ_{xx} e σ_{yy} iguais nos casos de tensão plana e deformação plana. O Diagrama de Mohr é considerado nas vizinhanças do eixo x (x_1), onde $\sigma_{xx} \neq \sigma_{yy}$.

A terceira componente principal tem o valor

$\sigma_{zz} = 0$ \hspace{2em} para tensão plana

e

$\sigma_{zz} = \nu\,(\sigma_{xx} + \sigma_{yy})$ \hspace{2em} para deformação plana.

Devido ao fato de a deformação plástica ocorrer sem alteração de volume, na zona plástica o parâmetro $\nu = 0{,}5$ e em deformação plana $\sigma_{zz} = 0{,}5\,(\sigma_{xx} + \sigma_{yy})$. São, as componentes principais da tensão:

$\sigma_1 = \sigma_{yy}$; \hspace{1em} $\sigma_2 = \sigma_{xx}$; \hspace{2em} $\sigma_3 = 0$ \hspace{2em} na tensão plana

e

$\sigma_1 = \sigma_{yy}$; \hspace{1em} $\sigma_2 = 0{,}5\,(\sigma_{xx} + \sigma_{yy})$; \hspace{1em} $\sigma_3 = \sigma_{xx}$ \hspace{1em} na deformação plana.

Nota-se que a existência da terceira componente principal positiva diminui bastante a tensão máxima $\tau_{máx}$ (Figura 3.3). Os planos de $\tau_{máx}$ formam um ângulo de 45° com os eixos da tensão principal máxima e da tensão principal mínima. Estas direções são y,z (x_2,x_3) para tensão plana e x,y (x_1,x_2) para deformação plana. Os planos correspondentes são representados na Figura 3.4.

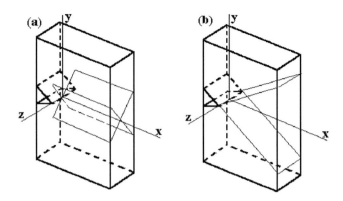

FIGURA 3.4 – Planos das tensões máximas de cisalhamento próximo do eixo x_1: (a) tensão plana; (b) deformação plana.

Observa-se que estes esquemas são válidos somente na área considerada. Para o estado de tensão plana esta análise é completa. Conforme mostra a Figura 3.4a, em corpo fino a altura da zona plástica é aproximadamente igual à espessura e o escoamento se desenvolve ao longo do eixo da trinca. Na deformação plana o escoamento tende a desenvolver-se fora desse eixo. Para chegar às conclusões sobre a forma da zona plástica é necessário repetir a análise dos planos da $\tau_{máx}$ variando com o ângulo. Outra possibilidade é considerar o problema de contorno para material elástico-plástico envolvendo o critério do escoamento. As soluções obtidas pelos métodos numéricos (de elementos finitos), mostram que a zona plástica, em deformação plana, tem a maior extensão nas direções a cerca de 70° com o eixo da trinca. Nos casos da fratura, que ocorre principalmente pelo mecanismo da deformação plástica, os planos da tensão máxima do cisalhamento podem ser observados na superfície desta.

3.2 Modelo da trinca com zona plástica fina

O modelo da trinca com zona plástica em tensão plana é mais conhecido como modelo de Dugdale (1960). Deve-se lembrar que modelos iguais ou análogos foram propostos também por outros autores: Leonov & Panasiuk (1959); Barenblatt (1962); Bilby, Cotrell & Swinden (1963). Às vezes, este modelo é chamado "modelo δ_c" sem fazer referência aos nomes dos autores.

Matematicamente, este modelo é uma generalização da avaliação de Irwin (para tamanho da zona plástica) para o caso da restrição menor do escoamento sob condições de tensão plana. Como foi mostrado no item anterior, uma zona plástica fina fica no eixo da trinca (Figura 3.5a). Isso permite considerar esta zona como uma parte específica da trinca, onde o material não perdeu completamente a capacidade de carga. Para o meio elástico-plástico ideal esta capacidade é constante, igual ao limite de escoamento σ_{ys} (Figura 3.5b).

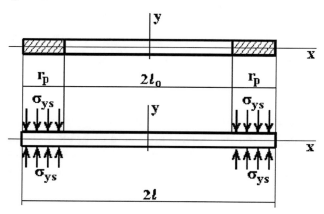

FIGURA 3.5 – Modelo da trinca com zona plástica fina.

O problema de contorno para um corpo com trinca de comprimento "ℓ 0" e zona plástica fina de comprimento "r_p", carregado por tração remota, pode ser considerado como o problema de um corpo elástico com trinca de comprimento $\ell = \ell_0 + r_p$, carregada pela tensão compressiva na parte da superfície $\ell_0 < |x_1| < \ell$ (Figura 3.6). O estado tensão/deformação nas vizinhanças da ponta da trinca, em material elástico-linear, é completamente determinado pelo fator de intensidade de tensão correspondente da mecânica linear da fratura (K_I). A análise desse problema do contorno permite avaliar o comprimento da zona plástica, utilizando uma condição natural: a singularidade de tensão num material elástico-plástico é inadmissível. Isso significa que o fator geral de intensidade de tensão, determinado pelo carregamento distante e pelo carregamento na parte da superfície da trinca, somados, é igual a zero:

$$K_1 = K_I^{(1)} + K_I^{(2)} = 0 \tag{3.1}$$

O fator de intensidade de tensão, determinado pelo carregamento de tração aplicado à distância $p(x_1) = \sigma =$ cte. foi obtido no item 2.4, baseado na equação geral (2.45), como:

$$K_I^{(1)} = \sigma\sqrt{\pi\,\ell}$$

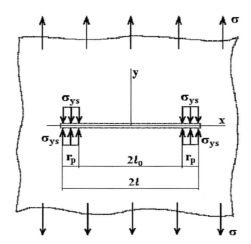

FIGURA 3.6 – Problema de contorno, para um corpo plano com zona plástica fina.

O cálculo do fator de intensidade determinado pela tensão na zona plástica

$$p(x_1) = -\sigma_{ys} \quad \left(\ell - r_p < |x_1| < \ell, x_2 = 0\right),$$

utilizando a equação (2.45), fornece:

$$K_I^{(2)} = \frac{\sigma_{ys}}{\pi\,\ell}\left(\int_{-\ell}^{-\ell+r_p}\sqrt{\frac{\ell+x_1}{\ell-x_1}}\,dx_1 + \int_{\ell-r_p}^{\ell}\sqrt{\frac{\ell+x_1}{\ell-x_1}}\,dx_1\right) = -2\sigma_{ys}\sqrt{\frac{\ell}{\pi}}\arccos\left(1 - \frac{r_p}{\ell}\right) \quad (3.2)$$

Aplicando a condição (3.1), chega-se a:

$$K_I^{(2)} = -K_I^{(1)} \quad \frac{r_p}{\ell} = 1 - \cos\left(\frac{\pi\,\sigma}{2\,\sigma_{ys}}\right) \quad (3.3)$$

Contando que $\ell = \ell_0 + r_p$, tem-se finalmente:

$$r_p = \ell_0\left(\sec\frac{\pi\,\sigma}{2\,\sigma_{ys}} - 1\right) \quad (3.4)$$

Essa fórmula determina o comprimento da zona plástica nas vizinhanças da ponta da trinca, para escoamento desenvolvido em corpo fino, dependendo da carga e do limite de escoamento.

Para comparar com os resultados anteriores, considera-se o caso particular: $\sigma \ll \sigma_{ys}$ que corresponde à zona plástica restrita e às condições da fratura quase-frágil. Substituindo-se a função "sec" da equação (3.4) pelos dois primeiros termos do desenvolvimento em série, tem-se:

$$r_p = \frac{\pi^2 \sigma^2 \ell_0}{8 \, \sigma_{ys}^2}$$

A forma adequada que permite uma comparação com a avaliação de Irwin (2.80) é obtida pela separação do fator de intensidade de tensão para a trinca original (do comprimento "2 ℓ_0")

$$K_I = \sigma \sqrt{\pi \, \ell_0}$$

Finalmente, chega-se a:

$$r_p = \frac{\pi}{8} \left(\frac{K_I(\ell_0)}{\sigma_{ys}} \right)^2 \tag{3.5}$$

O resultado de Irwin para tensão plana, obtido nos limites da mecânica linear da fratura, difere apenas por um fator-escala ("$1/\pi$" no lugar "$\pi/8$"). Observa-se que, estes valores são muito próximos: $1/\pi \approx 0{,}32$; $\pi/8 \approx 0{,}39$. A boa correspondência observada nos resultados, obtidos por métodos bem diferentes, é uma confirmação de modo indireto para ambos.

Destaca-se uma diferença principal: a solução de Dugdale exige uma restrição menor da zona plástica; para utilizar os fatores de intensidade de tensão (equação (3.1)) é necessária apenas a existência da assintótica linear no fim da zona plástica. Deve-se lembrar, que na solução de Irwin supõe-se que essa assintótica também é válida na maior parte da seção transversal fora da zona plástica.

A superposição das duas assintóticas lineares determina completamente o estado de tensão e deformação do problema, que permite analisar também o campo do deslocamento. Uma questão importante é relacionada ao movimento das superfícies da trinca. No caso de tensão plana e $x_2 = 0$, as fórmulas (2.41) para as componentes do deslocamento, desenvolvidas no item 2.5, tem a forma:

$$u_1(x_1) = \left(1 - \frac{v}{E}\right) \operatorname{Re} \int Z_1 \, dz; \qquad u_2(x_1) = (2/E) \operatorname{Im} \int Z_1 \, dz \qquad (3.6)$$

A equação (2.47) para função Z_1 sob condições atuais do carregamento na superfície da trinca

$$p(x_1) = \sigma \quad \left(0 \le |x_1| < \ell - r_p\right); \qquad p(x_1) = \sigma - \sigma_{ys} \;\; (\ell - r_p \le |x_1| \le \ell),$$

chega-se a:

$$Z_1 = \frac{1}{\pi\sqrt{z^2 - \ell^2}} \left[\sigma \int_{-\ell}^{\ell} \frac{\sqrt{\ell - x_1^2}}{z - x_1} dx_1 - \sigma_{ys} \left(\int_{-\ell}^{-\ell + r_p} \sqrt{\frac{l^2 - x_1^2}{z - x_1}} \, dx_1 + \int_{\ell - r_p}^{\ell} \sqrt{\frac{\ell^2 - x_1^2}{z - x_1}} \, dx_1 \right) \right]$$

Substituindo nas fórmulas (3.6) e executando a integração, obtemos as fórmulas para o deslocamento das superfícies da trinca:

$$u_1(x_1) = \frac{2\sigma_{ys}}{\pi E} \left[\frac{\pi}{2}(1 - v) - \beta \right] x_1 - \frac{\sigma_{ys}\ell_0}{E}(1 - v);$$

$$u_2(x_1) = \frac{2\sigma_{ys}\ell_0}{\pi E} \left[-\ln(t^2 - 1) + 2\ln\left(\operatorname{sen}\beta + \sqrt{1 - t^2\cos^2\beta}\right) - \right.$$

$$\left. -2\ln(\cos\beta) + t\ln \frac{(t - 1)\left(\operatorname{sen}\beta \sqrt{1 - t^2\cos^2\beta} + t\cos^2\beta + 1\right)}{(t + 1)\left(\operatorname{sen}\beta \sqrt{1 - t^2\cos^2\beta} - t\cos^2\beta + 1\right)} \right] \qquad (3.7)$$

onde

$$\beta = \pi\,\sigma / \left(2\,\sigma_{ys}\right); t = x_1 / \ell_0.$$

Essa solução geral permite investigar a forma da trinca e da zona plástica. Na extremidade dessa zona ($x_1 = \pm\ell$), o deslocamento normal da superfície u_2 e sua derivada $\partial u_2/\partial x_1$ são iguais a 0, o que significa uma extremidade aguda. No ponto que separa a superfície livre de tensão da zona plástica ($x_1 = \pm\ell_0$), a derivada $\partial u_2/\partial x_1 = \infty$, corresponde à tangente normal ao eixo x_1. A imagem da zona plástica, fornecida pelo modelo considerado, é representada na Figura 3.7. Essa forma parece ser mais natural do que a parabólica determinada pela solução elástico-linear (itens 2.2 – 2.5).

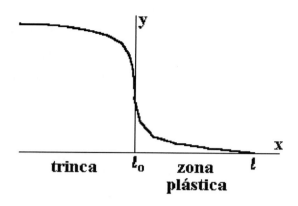

FIGURA 3.7 – Fim da trinca e a zona plástica no modelo de Dugdale.

Note-se, que a avaliação do tamanho da zona plástica e a análise do campo do deslocamento foram desenvolvidos para um material elástico--plástico ideal. Para levar em consideração o encruamento por deformação, sem complicar a solução analisada, o limite do escoamento σ_{ys} pode ser substituído nos resultados obtidos pelo limite da resistência σ_{us}, pela média $(\sigma_{ys} + \sigma_{us})/2$ ou por outra combinação destes parâmetros, dependendo da forma da curva real "tensão *versus* deformação".

3.3 Critério deformacional da fratura. Abertura crítica na ponta da trinca

O deslocamento das superfícies da trinca, obtido pela solução de Dugdale (item 3.2), é uma característica deformacional (de natureza geométrica) do estado do corpo, chamada "abertura da trinca". A abertura, medida na ponta da trinca (no ponto, que separa a superfície da trinca e a zona plástica), carateriza principalmente a deformação plástica localizada. Porquanto esta deformação é considerada responsável pela fratura nas condições do escoamento desenvolvido, o critério da fratura pode ser formulado em termos da abertura na ponta da trinca (*crack tip opening displacement* (CTOD)) (Wells, 1961). Essa possibilidade é muito importante, em razão dos fundamentos insuficientes para aplicação dos critérios tradicionais, utilizados na mecânica da fratura quase-frágil, em condições da fratura quase-dúctil.

Geralmente, no escoamento desenvolvido, quando os pequenos deslocamentos de tensão correspondem a incrementos significativos de deslocamento e deformação é mais apropriado aplicar os critérios deformacionais do estado de equilíbrio. O critério deformacional da propagação de trinca é análogo ao clássico critério da deformação máxima de alongamento, utilizado na resistência dos materiais para elementos estruturais lisos. Na forma geral, a fratura local, ou seja, a propagação da trinca, é relacionada a uma medida da deformação na área, próxima da ponta da trinca, que atinge algum valor crítico. Como sempre, a validade do critério é verificada em experimentos. Os parâmetros deformacionais mais utilizados são: a abertura na ponta da trinca; a deformação principal máxima numa distância fixa à frente da trinca; a intensidade da deformação (definida de maneira análoga à intensidade de tensão) numa distância fixa à frente da trinca.

Considera-se o critério, formulado pela abertura na ponta da trinca. Segundo esse critério o estado de equilíbrio é extremo, se o parâmetro δ_I chega ao valor crítico δ_{Ic}:

$$\delta_I = u_2^+(\ell_0) - u_2^-(\ell_0) = 2u_2(\ell_0) = \delta_{Ic} \tag{3.8}$$

Nesta hipótese, o parâmetro δ_{Ic} é uma constante do material, determinada experimentalmente. O cálculo da abertura na ponta da trinca utilizando a equação para u_2 (3.7) sob condição $t \to 1$ fornece:

$$\delta_I = 2u_2(\ell_0) = \frac{8\sigma_{ys}\ell_0}{\pi E} \ln\left(\sec\frac{\pi\,\sigma}{2\,\sigma_{ys}}\right) \tag{3.9}$$

A aproximação quase-frágil, obtida sob a condição de que $\delta << \delta_{ys}$, tem uma forma mais simples. Considerando somente o primeiro termo do desenvolvimento da função em $\ell n\left(\sec\dfrac{\pi\,\sigma}{2\,\sigma_{ys}}\right)$ série, chega-se a:

$$\delta_I = \pi\,\sigma\,2\,\ell_0 / \left(E\sigma_{ys}\right)$$

Nesse caso, a abertura na ponta da trinca pode ser representada pelo fator de intensidade de tensão ou parâmetro energético de Griffith. Lembrando, que para plano sob tração uniforme $K_I^2 = \pi\sigma^2\,\ell_0$ (2.46) e nas condições de tensão plana $G = K_I^2/E$ (2.66), temos:

$$\delta_I = K_I^2 / \left(E\sigma_{ys}\right) = G/\sigma_{ys} \tag{3.10}$$

Deve-se notar que, para o material frágil ideal, a abertura na ponta da trinca real sempre é igual a 0 (como se deduz das equações (2.47) para r = 0). Entretanto, na aproximação quase-frágil, a abertura pode ser avaliada pelo deslocamento no fim da zona plástica, $r = r_p K_I^2/(2\pi\sigma_{ys}^2)$. Segundo (2.47) tem-se:

$$\delta_I = 2u_2(r_p) = \frac{\kappa+1}{\mu} K_I \sqrt{\frac{r_p}{2\pi}}$$

Substituindo a expressão para r_p e $(\kappa + 1)/ \mu = 8/E$, chega-se a:

$$\delta_I = 4K_I^2 / \left(\pi E\sigma_{ys}\right) = 4G / \left(\pi\sigma_{ys}\right) \tag{3.11}$$

O critério da abertura na ponta da trinca, introduzido para trinca de tração (Modo I) e tensão plana, foi generalizado para outros modos parciais de carregamento e estado de tensão e deformação multiaxial. A forma geral determinada para qualquer dos modos geométricos básicos do carregamento é:

$$\delta \, \alpha(q, \, \ell_0, \, L,....) = \delta_{\alpha c} \qquad (\alpha = I, II, III) \tag{3.12}$$

onde "q" – carga externa, "ℓ_0" – comprimento da trinca, "L,..." – parâmetros geométricos do corpo.

Para uma trinca num material isotrópico os Modos I, II, III do carregamento são independentes e este critério é válido também sob carregamento misto (estado multiaxial). A fratura sob qualquer estado de tensão e deformação ocorre por um dos modos principais (tração, cisalhamento plano, cisalhamento antiplano). A área para os valores admissíveis de abertura é limitada no espaço δ_I, δ_{II}, δ_{III} pelo paralelogramo retangular com lados δ_{Ic}, δ_{IIc}, δ_{IIIc}.

Para um material anisotrópico, os modos geométricos da fratura já não podem ser considerados como independentes. A generalização do critério tem a forma:

$$F(\delta_I, \delta_{II}, \delta_{III}, \delta_{Ic}, \delta_{IIc}, \delta_{IIIc}) = 0 \tag{3.13}$$

Geralmente, essa superfície no espaço δ_I, δ_{II}, δ_{III} está inscrita no paralelogramo retangular, que corresponde ao critério (3.12). Uma forma particular desse critério, aplicada frequentemente, é

$$(\sigma_1/\sigma_{Ic})^m + (\sigma_{II}/\sigma)^n + (\sigma_{III}/\sigma_{IIIc})^k = 1$$

onde os parâmetros "m", "n", "k" caracterizam a resistência do material à propagação das trincas do Modo I, II, III, respectivamente. Esses parâmetros são determinados por experimentos com carregamento variável. Na prática, para se obter os valores de "m", "n", "k", conhecendo os parâmetros δ_{Ic}, δ_{IIc}, δ_{IIIc}, executa-se, normalmente, um conjunto de ensaios de carregamento misto: torção com tração. A utilização de dois corpos de prova diferentes permite reduzir para duas o número de variáveis numa equação, e cobre-se todos os modos geométricos da fratura por um sistema de duas equações. Esses corpos são o cilindro com entalhe circunferencial e o tubo com dois entalhes parciais vazados simetricamente, mostrados na Figura 3.8

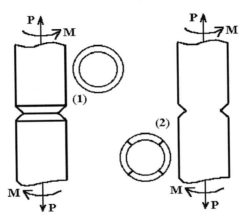

FIGURA 3.8 – Corpos de prova para ensaios de abertura crítica sob carregamento multiaxial (1. Modo I e Modo III; 2. Modo I e Modo II).

A superfície no espaço δ_I, δ_{II}, δ_{III} é representada pelas seções nos planos (δI, δIII) e (δ_I, δ_{III}):

$$(\delta_I/\delta_{Ic})^m + (\delta_{III}/\delta_{IIIc})^k = 1 \qquad (3.14)$$
$$(\delta_I/\delta_{Ic})^m + (\delta_{II}/\delta_{IIc})^n = 1$$

Os ensaios para combinações diferentes dos valores de P (força de tração) e de T (momento de torção) permitem determinar os valores de m, k, n pela melhor aproximação das curvas experimentais (por exemplo, aplicando o método dos mínimos quadrados).

Na prática da engenharia existem algumas dificuldades relacionadas à aplicação do critério da abertura na ponta da trinca. A forma deformacional deste é uma base para a aplicação nas condições do escoamento desenvolvido. Entretanto, para o cálculo da abertura são utilizadas frequentemente as expressões envolvendo o fator de intensidade de tensão (3.10) e (3.11), que são as estimativas quase-frágeis. Nesse caso, o parâmetro da abertura na ponta da trinca não tem nenhuma importância própria, é apenas um representante do fator de intensidade de tensão. Correspondentemente, o critério δ_{Ic} não se afasta do critério da tenacidade à fratura com mesma área de aplicação. Para uma correta utilização, independente do fator de intensidade de tensão, a abertura na ponta da trinca deve ser calculada pela análise geral do campo de deslocamento e/ou determinada pelas observações experimentais. Os ensaios são também necessários para o controle da integridade nas condições reais de funcionamento. As complicações metodológicas da medição experimental da abertura, na ponta da trinca, são uma das desvantagens do critério considerado, além das bases teóricas insuficientes. Na prática, é difícil determinar exatamente o ponto de separação entre a própria trinca e a zona plástica. A medição da abertura, às vezes, é executada numa seção mais conveniente, por exemplo, no centro da trinca, que demanda soluções especiais para relacionar o parâmetro medido e o aplicado no critério.

3.4 Integral "J"

A aplicação das integrais invariantes (independentes do caminho) para caracterizar o estado de tensão e deformação em corpo com trinca foi proposta por J. C. Rice (1968 a,b) e G. P. Cherepanov (1967, 1979) no final dos anos 60. Nos trabalhos originais foi independentemente introduzida uma integral, que representa a intensidade do trabalho mecânico (*energy release* – liberação da energia) na ponta da trinca. A letra "J", utilizada para notação dessa integral, origina-se do nome de James Rice, um dos autores. Na década seguinte, o conceito foi generalizado, levando em consideração uma família de integrais invariantes (Eshelby, 1974; Cherepanov, 1977). Atualmente, a concepção das integrais energéticas é um elemento importante da mecânica não linear da fratura.

Vamos considerar a definição da integral "J". Para um corpo com trinca ao longo de eixo x_1 em estado tensão/deformação bidimensional a integral "J" é introduzida como:

$$J = \int_\Gamma \left(W dx_2 - p_i \frac{du_i}{dx_1} ds \right) \qquad (3.15)$$

onde "Γ" é um contorno simples (sem autocruzamento) em torno da ponta da trinca, que não cruza a trinca, com início e término nas superfícies opostas da trinca (Figura 3.9), onde a densidade da energia de deformação é:

$$W = W(\varepsilon) = \int_0^\varepsilon \sigma_{ij} d\varepsilon_{ij} \qquad (i, j, = 1, 2, 3)$$

"ds" é um elemento do contorno "Γ"; e $p_i = \sigma_{ij} n_j$ são as componentes da força que representam a ação do domínio externo em relação ao contorno.

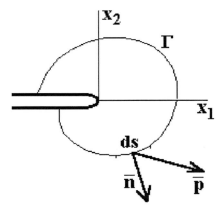

FIGURA 3.9 – Contorno, cercando a ponta da trinca.

O sentido físico da integral "J" é analisado considerando-se o balanço da energia para a parte do corpo, limitada pelo contorno. Considerando que as superfícies da trinca são livres de tensão, a variação do trabalho das forças externas em razão do incremento do comprimento da trinca "δℓ" é expressa pela integral de contorno:

$$\delta A = \int_\Gamma p_i \frac{du_i}{d\ell} \delta \ell ds \qquad (3.16)$$

A variação da energia da deformação dentro do contorno é:

$$\delta U = \iint_S \frac{dW}{d\ell} \delta \ell dx_1 dx_2 \qquad (3.17)$$

onde "S" é a área, restrita pelo contorno Γ.

Em razão de, matematicamente, a propagação da trinca ao longo do eixo x_1 corresponder ao movimento do centro das coordenadas $\partial/\partial \ell = \partial/\partial x_1$, e, aplicando-se o Teorema de Green para a transformação da integral de área na integral de contorno, chega-se à expressão que fornece a variação da energia superficial (trabalho total da criação da nova superfície, livre de tensão, durante a propagação elementar da trinca $\delta \ell$):

$$\delta \Pi = \delta A - \delta U = -\int_\Gamma \left(p_i \frac{du_i}{d\ell} \delta \ell \, ds - W \, \delta \ell \, dx_2 \right) \qquad (3.18)$$

A comparação das equações (3.15) e (3.18) fornece:

$$J = -\partial \Pi / \partial \ell \qquad (3.19)$$

Desse modo, a integral "J" é a intensidade do trabalho mecânico (da energia que é aplicada na propagação da trinca) na área considerada. Se escolher o contorno no limite do corpo, para material elástico, este parâmetro é igual à densidade da energia G, introduzida por Griffith (item 2.1).

Uma propriedade importante é a invariância da integral "J". Pode-se mostrar matematicamente que esta integral é igual a zero, se Γ é um contorno de domínio simplesmente conexo, W é uma função que depende somente de ε_{ij}, o estado tensão/deformação entre este domínio é regular (forças de massa e efeitos dinâmicos, relacionados às alterações da energia cinética não são considerados). Esse fato permite provar a independência da integral "J" do contorno cercando a ponta da trinca (a invariância). Vamos considerar o contorno $\Gamma\Gamma$' apresentado na Figura 3.10. Se a superfície da trinca é livre de tensão entre as curvas Γ e Γ', $J = 0$ para o contorno considerado $\Gamma \Gamma$'. Na superfície da trinca $J = 0$ devido a $p_i = 0$ (a superfície da trinca é livre de tensão) e $dx_2 = 0$ (a trinca é considerada como um corte infinitesimal ao longo do eixo x_1). Então, $J(\Gamma) = J(\Gamma')$ e o valor da integral são independentes do contorno.

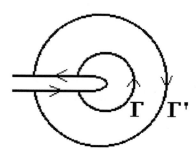

FIGURA 3.10 – Contorno $\Gamma \Gamma$'.

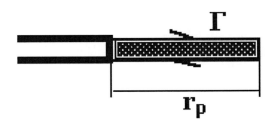

FIGURA 3.11 – Contorno Γ no problema de Dugdale.

As condições formuladas, necessárias para prova de invariância, são obedecidas para o material elástico-linear. Em caso de material elástico--plástico esta prova será válida se os caminhos da deformação forem simples para todos os pontos da área considerada.

Consideram-se duas sequências mais importantes de invariância, com respeito ao lado físico do fenômeno da fratura:

1 A integral "J" pode ser aplicada para caracterizar o estado de tensão e deformação nas vizinhanças da ponta da trinca por ter o mesmo valor para qualquer contorno Γ infinitamente próximo à ponta.

2 Para o cálculo da integral "J" podemos escolher o contorno mais conveniente entre todos que cercavam a ponta da trinca.

Geralmente, a integral "J", não restrita pelo modelo determinado do material tem uma base teórica mais ampla que os parâmetros da mecânica da fratura utilizados anteriormente (densidade da energia elástica G, fator de intensidade de tensão K_I, abertura à ponta da trinca δ. Nos casos particulares, essa integral pode ser representada por outros parâmetros. A relação com o parâmetro G já foi analisada. Utilizado a equação (2.66), válida para fratura quase-frágil, chega-se à relação entre "J" e fator de intensidade de tensão:

$J = K_I^2/E$ para tensão plana

$J = (1 - \nu^2) K_I^2/E$ para deformação plana

A relação entre a integral "J" e a abertura na ponta da trinca δ, em material elástico-plástico ideal, é analisada considerando-se o problema de

Dugdale – trinca de Modo I num corpo fino. O contorno Γ, cercando a ponta da trinca, é escolhido na fronteira da zona plástica (Figura 3.11). Nesse caso $x_2 = dx_2 = 0$; $\sigma_{22} = \sigma_{ys}$; $\sigma_{11} = 0$ e a integral "J" tem a forma:

$$J = - \int_{\ell}^{\ell+r_p} \sigma_{ys} \frac{\partial}{\partial x_1} \left(u_2^+ - u_2^- \right) dx_1 = \int_0^{\delta} \sigma_{ys} d(u_2^+ - u_2^-) = \sigma_{ys} \delta$$

(3.20)

onde u_2^+ e u_2^- são, respectivamente, os deslocamentos das superfícies superior e inferior da trinca. Para a placa fina de material elástico-plástico ideal, que obedece a condição de escoamento de Tresca, a integral "J" é proporcional ao deslocamento da abertura na ponta da trinca, e o fator de proporcionalidade é uma constante do material: o limite de escoamento. Sob localização forte de escoamento para corpo com trinca de Modo I em estado de tensão plana (fratura quase-frágil) a abertura na ponta da trinca é representada pelo fator de intensidade de tensão (equação (3.11)). Substituindo, teremos novamente a relação entre a integral "J" e o fator de intensidade de tensão no caso de tensão plana. Essa relação e a invariância da integral "J" permitem simplificar o procedimento para tabulação do fator de intensidade de tensão. O cálculo de J, baseado na solução do problema de contorno pelo método de elementos finitos, fornece seu valor, de maneira mais racional e segura (devido à comparação dos resultados obtidos utilizando os diversos contornos) que os métodos convencionais para cálculo dos fatores de intensidade. No caso geral (carregamento do modo misto) da fratura quase-frágil, a integral "J" é uma função dos fatores de intensidade de tensão não nulos:

$$J = J (K_I, K_{II}, K_{III}).$$

Se os efeitos não lineares são mais significativos e/ou fora das condições da fratura quase-frágil, a integral "J", independente de contorno, é uma característica principal do estado tensão/deformação. Conforme a primeira sequência de invariância, a integral "J" é uma medida local do estado de tensão e deformação nas vizinhanças da ponta da trinca. Evidentemente, esta medida reflete a influência da geometria do corpo com trinca e da carga externa. Isso é uma base teórica para formular o critério da fratura em termos da integral "J", que será considerado no item 3.7.

3.5 Campos assintóticos de tensão em material não linear

A investigação dos problemas da fratura para materiais fisicamente não lineares, leva em consideração os problemas correspondentes de contorno. A análise assintótica de tensão nas vizinhanças da ponta da trinca, em material do tipo (1.13), foi desenvolvida por Hutchinson (1968) e também por Rice & Rosengren (1968). Essa importante solução é tão conhecida na mecânica da fratura, como o campo ou a assintótica "HRR".

O procedimento matemático é mais complicado que aquele considerado no Capítulo 2, em razão das relações físicas mais complicadas. O problema de contorno, representado pelo sistema das equações parciais, foi transformado no problema de autovalor para equação diferencial de 4ª ordem. O índice da singularidade $(-1/(n+1))$ foi determinado analiticamente e a distribuição angular, pelo método numérico. O resultado para componentes de tensão é

$$\sigma_{ij}(r \to 0, \theta) = \left[\frac{J}{BI_n r}\right]^{\frac{1}{n+1}} \tilde{\sigma}_{ij}(n, \theta) \qquad (3.21)$$

onde são as funções adimensionais do índice "n" e do ângulo polar θ, apresentados em Hutchinson (1968); "I_n" é um parâmetro, dependendo do índice "n" e do tipo do estado de tensão e deformação bidimensional (os valores desse parâmetro para alguns valores de "n" também estão publicados em Hutchinson. A integral "J" pode ser considerada como multiplicador de amplitude para o campo assintótico em material não linear. Matematicamente o papel da integral "J", nesta solução, corresponde ao papel dos fatores de intensidade de tensão para material elástico-linear. Algumas vezes, a integral "J" (ou um parâmetro proporcional) é chamada "fator plástico de intensidade de tensão". Deve-se notar, que esta solução ("HRR") é válida para material elástico ou plástico (o descarregamento não foi considerado). No caso particular (n = 1), chega-se à conhecida solução linear.

Para uma não linearidade significativa (n > 1) o índice da singularidade $1/(n+1)$ é menor que $1/2$. Desse modo, tem-se a distribuição de tensão mais uniforme e a ação dos concentradores de tensão em material não linear é, geralmente, mais moderada que em material elástico-linear. Isso determina a característica mais dúctil da fratura em material não linear que em material linear elástico.

A solução "HRR" foi, mais tarde, generalizada para as condições da fluência estacionária (material do tipo (1.15)). A generalização proposta em Goldman & Hutchinson (1975) e Landes & Begey (1976) baseia-se na substituição do deslocamento e da deformação, na formulação do problema de contorno, por suas derivadas. A transformação correspondente da integral "J" fornece uma característica de intensidade da dissipação da energia nas proximidades da ponta da trinca sob fluência. Esta, geralmente, é denotada por J^* ou C^*:

$$C^* = \oint_\Gamma \left(\frac{nB\sigma_e^{n+1}}{n+1} \cos\theta - \sigma_{ij}n_j \frac{\partial u_i}{\partial x_j} \right) ds \qquad (3.22)$$

("n_j" são os componentes da normal ao contorno Γ). O valor de C^* pode ser obtido utilizando-se as tabelas para integral "J" e um fator corretivo, determinado por constantes do material. As componentes de tensão apresentam-se pela integral C^* da fluência estacionária ("integral 'J' modificada") como:

$$\sigma_{ij}(r \to 0,\theta) = \left(\frac{C^*}{BI_n r} \right)^{\frac{1}{n+1}} \tilde{\sigma}_{ij}(0,\theta) \qquad (3.23)$$

Nota-se que os parâmetros "$\tilde{\sigma}_{ij}(n,\theta)$" e "$I_n$" são os mesmos da equação (3.21). Entretanto, as constantes "n", "B" da assintótica (3.23), relacionam-se à Lei da fluência estacionária (1.15), e as constantes "n", "B" da assintótica (3.21), à equação da deformação não-linear (1.13); os valores destes, e mesmo a unidade medida do parâmetro dimensional "B", são diferentes.

A solução assintótica para o campo nas vizinhanças da ponta da trinca em material do tipo (1.17) (que tem as propriedades elástico-lineares e viscoplásticas não lineares) foi obtida por Riedel & Rice (1980). O resultado tem a seguinte forma:

$$\sigma_{ij}(r \to 0,\theta) = \left(\frac{C(t)}{BI_n r} \right)^{\frac{1}{n+1}} \tilde{\sigma}_{ij}(n,\theta) \qquad (3.24)$$

onde $C(t)$ é o parâmetro que depende da geometria do corpo com trinca e da carga externa. Esse parâmetro foi avaliado pelos valores do fator de intensidade de tensão e da integral C^* da fluência estacionária. A aproximação mais conhecida foi proposta para aplicação do carregamento estático a partir do tempo t = 0:

$$C(t) = \begin{cases} C^* t_T / t & , \quad t \leq t_T \\ C^* & , \quad t > t_T \end{cases} \tag{3.25}$$

onde t_T é o tempo característico da transição à fluência estacionária:

$$t_T = \frac{(1 - v^2) K_I^2}{(n+1) E C^*} \tag{3.26}$$

O problema assintótico para material viscoplástico com encruamento deformacional, descrito pelas relações físicas do tipo (1.15) com um fator adicional do encruamento, foi resolvido por Riedel (1981). Uma nova integral invariante foi introduzida como o fator de amplitude.

O progresso na fabricação e o aparecimento das novas áreas de aplicação de novos materiais estimulam o progresso na investigação do comportamento mecânico. Novas relações físicas, mais complicadas, são propostas para descrever as propriedades específicas da resposta mecânica, que leva em consideração novos problemas de contorno para corpos com trincas. A análise assintótica desses problemas pode se basear na técnica, análoga das soluções consideradas. Os fatores escalares K_I, J, C^*, $C(t)$ e outros, refletindo a influência da geometria e da carga, são muito importantes na mecânica da fratura. A maioria destes parâmetros é calculada pelas integrais invariantes. O leitor que se interessar por esta técnica pode procurar mais informações nas monografias mencionadas (Rice, 1968; Cherepanov, 1979).

3.6 Critérios energéticos e multiparamétricos. Curvas "R"

Considera-se o balanço de energia no corpo com trinca a base do critério energético formulado por Griffith. A forma diferencial $dU + d\Pi = dA$ pode ser reescrita em variações relacionadas à propagação da trinca:

$$\delta U + \delta \Pi = \delta A \tag{3.27}$$

onde "U" é a energia da deformação elástica; "A" é o trabalho das forças externas; "Π" é a energia superficial, de densidade constante:

$$\partial \Pi / \partial \ell = G_s = 2\gamma_s = cte.$$

A equação (3.27) representa a condição da fratura local. Na mecânica linear da fratura isso significa a propagação instável da trinca que resulta em fratura total quase instantânea. Nesse processo a equação (3.27) já não é mais obedecida: $\delta A - \delta U < \delta \Pi$. A propagação subcrítica, lenta, determinada pelas particularidades dos processos locais da fratura e da deformação, não pode ser descrita nessa base (somente a causada pelo regime do carregamento, como foi analisado no item 2.7). Entretanto, as observações experimentais destacam o estágio da propagação subcrítica, que pode apresentar uma parte significativa da vida estrutural. Esse fenômeno pode ser descrito, utilizando-se o mencionado critério formulado em termos de deformação ou as concepções da mecânica de dano contínuo, que será representada no Capítulo 5.

As observações experimentais resultam nos chamados *diagramas subcríticos* da fratura. O diagrama baseia-se nas curvas experimentais "tensão externa *versus* comprimento da trinca" obtidas para diversos valores do comprimento inicial. Em cada curva é observado um ponto crítico. A partir desse ponto, o incremento do comprimento da trinca pode ocorrer sem o incremento da carga. A curva é obtida pela interpolação a partir dos pontos críticos que representa o *diagrama crítico* (Figura 3.12). Qualquer ponto nesse diagrama ou acima corresponde à situação quando o corpo com trinca do comprimento "ℓ" não pode suportar a carga "σ". A área abaixo dessa curva é a região da propagação subcrítica. Os diagramas subcríticos permitem prever essa fase da fratura nos elementos estruturais a partir dos dados experimentais.

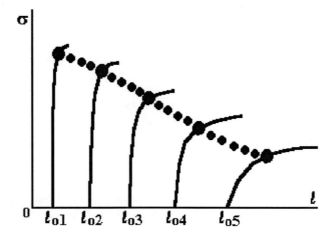

FIGURA 3.12 – Diagramas subcríticos da fratura, a linha pontilhada representa o diagrama crítico.

É evidente que para a propagação subcrítica, lenta, alguma parte do trabalho mecânico externo é liberada em processos de deformação irreversível e dano. Essa parte pode crescer com o comprimento da trinca e a concentração de tensão faz com que o balanço da energia seja estável. Para descrever essa possibilidade a equação (3.27) deve ser generalizada com a introdução um termo adicional. No caso de material elástico-plástico a energia da deformação elástica U é substituída pela energia total, que inclui os termos da elasticidade e da plasticidade: $U = U_e + U_p$. O balanço de energia toma a forma:

$$\delta\, U_p + \delta\, \Pi = \delta\, A - \delta\, U_e \qquad (3.28)$$

À esquerda estão os termos que representam a energia consumida para propagação da trinca; à direita, a parte do trabalho mecânico das forças externas, que pode ser consumida pelo processo da fratura. Na propagação subcrítica os termos da parte direita são positivos, uma vez que o aumento do trabalho externo é acompanhado pelo aumento da energia potencial da deformação elástica. Além disso, o trabalho da deformação plástica, que faz parte da energia dissipativa, é uma função da carga externa, da geometria do corpo e do comprimento da trinca. Então, a resistência total à propagação da trinca não é uma constante, como na mecânica linear da fratura. Geralmente, a resistência por unidade da área (da nova superfície, livre de tensão) é uma função do comprimento real da trinca que caratériza a densidade do trabalho da fratura. Essa função, algumas vezes, pode ser crescente, determinando a propagação subcrítica da trinca.

O critério generalizado (3.28) é uma base para análise teórica, que permite descrever, em geral, as propriedades da fratura em materiais elástico-plásticos. Por exemplo, a forma dos diagramas subcríticos da fratura também pode ser obtida a partir do balanço energético. Entretanto, a aplicação prática, num projeto estrutural, ou na avaliação do estado real de um elemento em funcionamento, está relacionada às complicações metodológicas. Por isso, entre os critérios energéticos, os formulados pelas integrais invariantes, que também evitam as desvantagens dos critérios tradicionais são tecnologicamente mais efetivos (devido à computação automatizada destes parâmetros). Como foi mostrado no item 3.5, a integral "J" é uma caratéristica energética da deformação nas vizinhanças da ponta da trinca e não está relacionada exclusivamente às propriedades elásticas ou plásticas.

Considera-se o critério da fratura em termos da integral "J":

$$J = J_c, \tag{3.29}$$

onde J_c é um valor crítico. Os ensaios experimentais mostram que J_c pode ser considerado como uma constante de material numa faixa (bastante larga) das condições geométricas e ambientais.

Nos casos particulares, quando a integral "J" pode ser representada por outros parâmetros da mecânica da fratura (item 3.5), a mesma operação fornece o valor crítico, relacionado aos parâmetros conhecidos do material. O que é mais importante: o critério J_c tem uma base teórica mais ampla que o da tenacidade à fratura ou o da abertura crítica na ponta da trinca e, também, pode ser aplicado fora das condições da fratura quase frágil. Os efeitos não lineares (elásticos ou plásticos) desenvolvidos são uma área específica, onde este critério substitui completamente os tradicionais, formulados pela energia superficial ou pelo fator de intensidade de tensão. A tabulação da integral "J" demanda a resolução geral do problema de contorno, como no caso do fator de intensidade de tensão. A diferença está no comportamento mecânico não linear. Para qualquer tipo determinado de corpo com trinca, a integral "J" é uma função de três parâmetros: carga externa, comprimento da trinca e grau de não linearidade (índice "n" no caso da Lei potencial (1.16)). A influência do primeiro parâmetro pode ser representada por um fator constante (como no caso de K_I) e a influência dos outros dois é investigada pelos métodos computacionais. Esse trabalho demanda recursos muito maiores que nos problemas lineares elásticos com um parâmetro independente e representa um dos objetivos mais importantes da mecânica computacional. As aproximações biparamétricas para a integral "J" e suas modificações para alguns corpos de prova padronizados são representadas em Goldman & Hutchinson (1975), Ranaweera & Leckie (1982).

Como foi notado, a resistência à propagação subcrítica da trinca é uma função do seu comprimento. Essa função pode ser representada em termos de qualquer parâmetro da mecânica da fratura, válido em condições consideradas, e obtida a partir dos modelos teóricos ou ensaios experimentais. As chamadas *curvas "R"* são aplicadas para investigar as condições e particularidades da propagação subcrítica das trincas.

Vamos considerar um exemplo da curva "R" representada pelo parâmetro energético de Griffith. O critério da propagação subcrítica da trinca tem a forma:

$$G\,(\sigma, \ell) = R\,(\ell) \tag{3.30}$$

A trinca para, se G < R; o caso G > R corresponde à propagação instável – que logo resulta em fratura total.

Na formulação clássica do problema da fratura frágil, a propagação subcrítica é desconsiderada; a resistência, desse modo, não depende do comprimento da trinca:

$R = G_{Ic} = $ cte.

Essa situação representada na Figura 3.13 é observada principalmente nos elementos metálicos de espessura significativa, no estado de deformação plana.

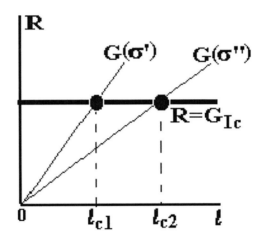

FIGURA 3.13 – Curva "R" para fratura frágil.

Nos elementos pouco espessos, no estado de tensão plana, a condição $G_I = G_{Ic}$ corresponde ao início da propagação subcrítica, caracterizada pelo crescimento da carga externa "σ" e da resistência "R". Para muitos materiais estruturais o incremento da resistência não depende do comprimento inicial, é determinado somente pelo alongamento da trinca: $R = R(\Delta \ell)$. Por isso, a curva "R" é representada nas coordenadas "G_I versus $\Delta \ell$"; o comprimento inicial é marcado à esquerda da origem (Figura 3.14).

Para deformação linear elástica, a intensidade da liberação da energia G_I é uma função linear do comprimento da trinca:

$G_I = \sigma \; \ell / (2u) = (1-v^2)\sigma^2 \ell / E$.

A inclinação da reta nas coordenadas consideradas é determinada pela carga externa (proporcional ao quadrado de tensão). Desse modo, qualquer ponto da curva corresponde aos diversos casos de propagação subcrítica das trincas (a carga maior corresponde ao comprimento inicial menor).

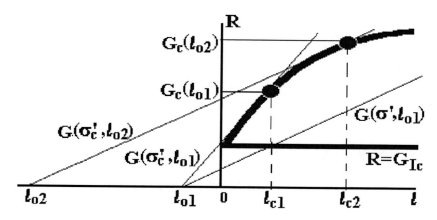

FIGURA 3.14 – Curva "R" para propagação subcrítica da trinca.

Todos os critérios da fratura, considerados até agora, foram formulados por um só parâmetro do estado tensão/deformação e têm uma área de aplicação restrita. As condições de funcionamento, de algum elemento estrutural, podem ser mais amplas, o que faz insuficiente a aplicação separada de tais critérios no cálculo estrutural. Nesse caso é necessário estabelecer regras claras para a escolha correta das formas particulares do critério e, algumas vezes, descrever o comportamento intermediário. Esse problema é resolvido, geralmente, pela formulação de *critérios multiparamétricos,* por meio dos modelos teóricos generalizados e/ou ensaios experimentais. A necessidade desses critérios é determinada pela existência dos vários mecanismos da fratura do mesmo material estrutural, relacionados às condições diversas de carregamento, ambientais etc.

Os critérios mais comuns e desenvolvidos são os biparamétricos onde um dos parâmetros é o limite de resistência em termos de tensão média e, o outro, pode ser o fator de intensidade de tensão ou a abertura na ponta da trinca. Será considerado a seguir um critério biparamétrico bastante simples e efetivo, formulado pelo fator de intensidade de tensão.

Para determinado corpo elastico-plástico com trinca do comprimento "ℓ" sob carga "σ"o critério da tenacidade à fratura (2.59) é válido nas condições da fratura quase-frágil. Para um comprimento da trinca menor, a carga crítica e o tamanho da zona plástica são maiores. No limite $\ell = 0$ a zona plástica atinge toda a seção transversal e a carga crítica é determinada pelo critério do limite da resistência $\sigma = \sigma_{us}$.

Se considerarmos que somente esses dois mecanismos da fratura (frágil e plástico) são possíveis, sem os regimes mistos da fratura, o critério universal será representado pelo quadrado unitário no plano (K_I/K_{Ic}; σ / σ_{us}) (Figura 3.14a). Nesta hipótese, a fratura não ocorre se um estado de tensão é caracterizado pelo ponto (K_I / K_{Ic}; σ / σ_{us}), localizado dentro do quadrado. O contorno daquele quadrado corresponde ao estado crítico. Nota-se, que para carregamento distante, o fator de intensidade de tensão é proporcional à tensão de tração e o fator de proporcionalidade é uma função crescente do comprimento da trinca. Para um comprimento fixo o aumento da carga é representado no plano considerado por uma linha reta saindo do início das coordenadas. Dependendo da inclinação (comprimento da trinca), a linha pode cruzar o lado horizontal ou o vertical do diagrama crítico.

O quadrado considerado representa um modelo ideal. A existência dos mecanismos mistos da fratura e a influência do tamanho finito dos corpos reais determinam uma forma mais complicada do diagrama crítico. A obtenção desse diagrama é um objetivo dos ensaios experimentais e a forma geral é mostrada na Figura 3.15b. E. M. Morozov (1982) introduziu um parâmetro universal para este caso, que descreve a variação da tenacidade à fratura com o comprimento da trinca. O parâmetro chamado "limite da resistência às trincas" é amplamente utilizado na Rússia, onde existe um padrão estatal dos ensaios para sua tabulação.

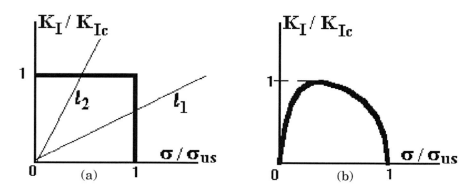

FIGURA 3.15 – Critério biparamétrico da fratura: (a) sem os mecanismos mistos; (b) forma geral da curva crítica.

3.7 Fratura em presença da fluência

Nas condições da fluência à alta temperatura os modelos lineares não podem ser diretamente aplicados. Entretanto, nos problemas da fratura tem-se alguma analogia com a mecânica elástico-plástica da fratura. De modo geral, a fluência ou viscoplasticidade pode ser considerada como um processo de escoamento que depende do tempo. Consequentemente, os dois mecanismos principais da fratura são observados nos materiais elástico-viscoplásticos: o dúctil (por escoamento desenvolvido) e o frágil (por nucleação e crescimento dos microporos, microtrincas etc.). Somente a prevalência do mecanismo frágil e a localização forte dos processos da fratura permitem utilizar os métodos conhecidos da mecânica da fratura quase-frágil. Deve-se notar que esta situação é bastante rara: na fluência à alta temperatura a fratura ocorre normalmente numa região de dimensões significativas. Isto está relacionado à não linearidade das propriedades mecânicas que reduz a concentração de tensão. O desenvolvimento das descontinuidades numa área considerável influi no comportamento mecânico e demanda algumas técnicas especiais de descrição e previsão. Essas técnicas, bem como os problemas particulares, serão considerados no Capítulo 5.

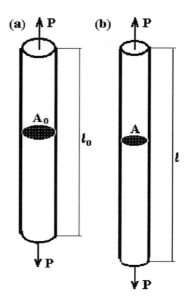

FIGURA 3.16 – Um cilindro sob tração constante: (a) t = 0; (b) t > 0.

Nesse item considera-se outro importante modo da falha estrutural nas condições da fluência: a deformação excessiva (mecanismo dúctil). Algumas vezes esta deformação resulta em própria fratura, entendendo como a separação do corpo em partes. Este modo da falha será analisado num exemplo simples: tração axial de uma barra cilíndrica por uma força constante. A questão é determinar o tempo crítico para que a barra perca a capacidade de suportar a carga.

Na fratura dúctil, o alongamento, com uma taxa constante, condiciona a redução da seção transversal que consequentemente aumenta a tensão. Gradualmente a velocidade de alongamento começa a crescer e a taxa de aumento da tensão também, resultando, no final, em ruptura do corpo. Num determinado instante, entre a aplicação da força externa e a da fratura, a barra, que é caracterizada por um comprimento inicial "ℓ_0" e uma área de seção transversal "S_0" tem o comprimento ℓ e a área "S" ($\ell > \ell_0$; $S < S_0$) (Figura 3.16). Por termos uma deformação significativa, utiliza-se a medida logarítmica da deformação:

$$\varepsilon = \ln\left(\ell / \ell_0\right) \tag{3.31}$$

O volume do cilindro é considerado como constante, ou seja, $\ell S = \ell_0 S_0$; e a tensão é $\sigma = P/S$. Se considerar a deformação elástica como desprezível, a velocidade da deformação determinada pela Lei potencial de Norton é:

$$\dot{\varepsilon} = \frac{\dot{\ell}}{\ell} = -\frac{\dot{S}}{S} = B\,\sigma^n = B\left(\frac{P}{S}\right) = B\,\sigma_0^n\left(\frac{S_0}{S}\right)^n$$

onde σ_0 é a tensão inicial de tração. Consequentemente,

$$S^{n-1}dS = -B(\sigma_0)^n - (S_0)^n dt.$$

A integração fornece:

$$nB(\sigma_0)^n\, t = 1 - (S / S_0)^n$$

Segundo esta equação, a área transversal "S" decresce até 0 num tempo finito – tempo da fratura:

$$t_R = 1 / \left(nB(\sigma_0)^n\right) \tag{3.32}$$

A dependência obtida do tempo crítico com a tensão inicial é representada pela linha reta nas coordenadas logarítmicas (Figura 3.17, a linha "D"). Note-se que a equação análoga para fratura dúctil, obtida na mecânica de dano contínuo, é caracterizada pela declinação maior da linha correspondente ("F").

A fórmula (3.32) é uma estimativa superior para o tempo até a fratura, mas bastante exata, no caso do segundo estágio da fluência predominar. Uma restrição fundamental é o tempo finito para fratura sob qualquer carga finita, determinado pela equação (3.32). Na realidade existe um valor crítico da carga que causa a fratura instantânea. Esta contradição mostra, que no caso da deformação finita, a deformação plástica (o escoamento ideal) também deve ser considerada.

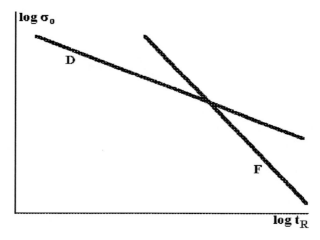

FIGURA 3.17 – As curvas da fratura dúctil (D) e frágil (F).

Se a deformação elástica ainda não foi considerada, a deformação total será:

$$\varepsilon = \varepsilon_p + \varepsilon_c, \text{ onde } \varepsilon_p = B_0\, \sigma^n$$

Utilizando a medida logarítmica da deformação e a condição da incompressibilidade, chega-se a:

$$-\frac{\dot{S}}{S}\left[1 - mB_0\sigma_0^m\left(\frac{S_0}{S}\right)^m\right] = B\sigma_0^n\left(\frac{S_0}{S}\right)^n$$

A ruptura acontece quando $\partial S / \partial t \to \infty$ e a área da seção transversal tem um valor finito

$$S_R = P(mB_0)^{1/m.}$$

A carga crítica Pc (da fratura instantânea) é determinada pela condição $S_R = S_0$:

$$P_c = S_0 / (mB_0)^{1/m}$$

O simples exemplo considerado representa uma grande classe dos problemas da integridade estrutural, relacionadas à analise da deformação, que depende do tempo. Quando as complicações do comportamento mecânico são complementadas pelas complicações geométricas, a solução demanda aplicar os potentes métodos computacionais. Tradicionalmente, tais problemas são considerados nas áreas correspondentes da mecânica dos sólidos. O leitor, que interessar-se por mais informações pode consultar os livros sobre a análise de tensão à fluência de Rabotnov (1969) e Boyle & Spence (1983). Os vários aspectos da fratura em presença da fluência, inclusive observações experimentais macromecânicas e microestruturais, propagação das trincas, influência da carga cíclica etc. são representadas na monografia de H. Riedel (1987).

3.8 Referências bibliográficas

1 BARENBLATT, G. I. Mathematical theory of equilibrium cracks in brittle fracture. *Adv. Applied Mechanics*, v.7, p.55-129, 1962.

2 BILBY, B. A., COTTRELL, A. H., SWINDEN, K. H. The spread of plastic yield from a notch. *Proc. Roc. Soc. London*, Ser. A., v.272, n.1348/1351, p.304-9, 1963.

3 CHEREPANOV, G. P. Sobre a propagação das trincas no meio contínuo. *Matemática Aplicada e Mecânica (Moscou)*, 1967, v.31, n.3, p.476-88, 1967, (Em russo).

4 _____. Integrais invariantes "Γ" e algumas aplicações destas. *Matemática Aplicada e Mecânica (Moscou)*, v.41, n.3, p.399-412, 1977. (Em russo).

5 _____. *Mechanics of Brittle Fracture*. New York: McGraw-Hill, 1979.

6 DUGDALE, D. S. Yielding of steel sheets containing slits. *J. Mech. and Phys. Solids*, v.8, n.2, p.100-8, 1960.

7 ESHELBY, J. D. Calculation of energy release rate. In: SIH et al. *Prospects of Fracture Mechanics*. Noordhoff, 1974. p.69-84.

8 GOLDMAN, N. L. HUTCHINSON, J. W. Fully plastic crack problems: the center – cracked strip under plane strain. *Int. J. of Solids and Struct.*, v.11, p.575-91, 1975.

9 HUTCHINSON, J. W. Singular behaviour at the end of the tensile crack in a hardening material. *J. Mech. and Phys. of Solids*, v.16, p.13-31, 1968.

10 LANDES, J. D., BEGLEY, J. A. A fracture mechanics approach to creep crack growth. *ASTM STP 590, 1976.*

11 LEONOV, M. YA., PANASYUK, V. V. Desenvolvimento das trincas finas num corpo sólido. *Mecânica Aplicada (Kiev)*, v.5, n.4, p.391-401, 1959. (Em ucraniano).

12 MOROZOV, E. M. O limite da resistência às trincas na mecânica da fratura não linear. *Problemas atuais da Mecânica e Aviação.* Moscou: Machinostroénie, p.203-15, 1982. (Em russo).

13 RICE, J. R. A path independent integral and the approximate analysis of strain concentration by notches and cracks. *J. Appl. Mech.*, v.35, p.379-86, 1968a.

14 _____. Mathematical analysis in the mechanics of fracture. ln: LIEBOWITZ, H. (Ed.) *Fracture: An Advanced Treatise.* Academic Press, 1968b. v.2.

15 RICE, J. R., ROSENGREN, G. F. Plane strain deformation near a crack tip in a power-law hardening material. *J. Mech. and Phys. of Solids*, v.16, p.32-48, 1968.

16 RANAWEERA, L. P., LECKIE, F. A. J-integrals for some crack and notch geometries. *Int. J. Fracture*, v.18, n.1, 1982.

17 RIEDEL, H. *Fracture at High Temperatures.* New York: Springer-Verlag, 1987. 418p.

18 _____. Creep deformation of a crack tip in elastic-viscouplastic solids, *J. Mech. and Phys. of Solids*, v.29, p.31-49, 1981.

19 RIEDEL, H., RICE, J. R. Tensile crack in a creeping solids. *ASTM STP 700*, p.112-30, 1980.

20 WELLS, A. A. Critical tip opening displacement as fracture criterion. ln: *Proc. Crack Propagation Symp. (Cranfield)*, v.1, p.210-21, 1961.

4 Fratura por carregamento cíclico

O termo *fadiga* é amplamente utilizado na literatura técnica e científica, entretanto, às vezes tem diferentes significados. De modo geral, a fadiga, na linguagem comum, é o cansaço, um estado que torna impossível suportar mais algumas condições. Com respeito aos materiais estruturais, essas condições são as do carregamento, da temperatura e ambientais. Por isso, o fenômeno da fadiga do material numa estrutura mecânica é nada mais e nada menos do que um tipo especial de fratura. Este tipo é caracterizado por: 1º) alguma duração significativa das ações externas (carregamento mecânico, temperatura, meio ambiente); 2º) ausência de alterações visíveis no elemento estrutural (principalmente da deformação) durante este período. Nesse caso é natural considerar que o material simplesmente "cansou" de operar nas condições atuais.

A fadiga é classificada quanto ao tipo de solicitação. Os casos mais conhecidos são a *fadiga estática* (sob carga constante) e a *fadiga cíclica* (sob carregamento periódico). Tradicionalmente, estes termos são aplicados de maneira correta apenas aos materiais cerâmicos. A fratura lenta dos metais sob carga constante ocorre, normalmente, por fluência, que é caracterizada pela deformação considerável durante todo o período de carregamento. Nesse caso já não é obedecida a segunda característica da fadiga, e este é o objetivo da teoria da fluência – uma área específica da mecânica dos sólidos e da engenharia. Por isso, a fadiga dos metais é, principalmente, a fadiga cíclica. Os pesquisadores e engenheiros, que não se denfrontam com outros casos de fadiga, substituem o termo "fadiga cíclica" simplesmente por "fadiga". Então, em sentido estrito a fadiga é a falha estrutural (fratura) por carregamento periódico. Algumas vezes, podem ser encontrados outros termos, derivados deste entendimento da fadiga, como por exemplo, "carregamento de fadiga", que significa exatamente o carregamento periódico (deve-se mencionar, que esta terminologia é usada, principalmente, para materiais metálicos).

Geralmente, o aparecimento de uma terminologia especial na área das ciências naturais e/ou engenharia, indica um nível significativo de desenvolvimento e uma grande importância prática. Isto é correto também com respeito à fadiga cíclica. O desenvolvimento da engenharia nos últimos séculos, conhecido como revolução técnica, foi caracterizado pelo uso crescente dos metais em estruturas mecânicas (somente nas últimas décadas começou uma considerável aplicação da cerâmica e dos materiais compostos). Por outro lado, os regimes periódicos de carregamento são uma propriedade natural da maioria das estruturas mecânicas, responsável por muitos casos de falha das mesmas. É importante acrescentar que os famosos acidentes citados no Capítulo 1 estão relacionados, principalmente, à fadiga cíclica. Naquela lista pode ser acrescentado: o estudo dos acidentes já se tornou uma área importante da engenharia e, infelizmente, os novos casos de falhas estruturais com mortes e prejuízos são analisados constantemente em congressos e revistas especializadas.

A importância prática da fadiga cíclica está relacionada às particularidades da fratura, que ocorrem sob tensões inferiores, em relação ao limite estático da resistência e sem deformações plásticas esperadas. A fragilização pelo carregamento periódico é análoga à fragilização pela ação do meio ambiente (principalmente de hidrogênio) e pode ser considerada como um processo de alteração das propriedades mecânicas. O estudo da natureza deste processo é um objetivo importante das pesquisas microestruturais. Os ensaios experimentais de vida estrutural sob carregamento periódico, particularidades da propagação das trincas etc., têm um papel de destaque nesta área, caracterizada por semelhança das formulações dos problemas e grande variedade das observações.

4.1 Carregamento periódico em estruturas

Numa definição exata, a carga periódica (ou cíclica) é descrita pela função correspondente p (t), que obedece à seguinte condição: para qualquer instante do tempo "t", p (t) = p (t+t_0) onde t_0 é o período. Na realidade, considera-se que a fragilização é induzida por ciclos simples, os ciclos mais complicados (com picos múltiplos) são aproximados por uma combinação dos ciclos simples. Os primeiros estudos da fadiga cíclica mostraram, que a forma do ciclo simples não influi na vida de um elemento estrutural. A influência da frequência é observada somente numa faixa estrita, chamada "janela do efeito da frequência". Por isso, o ciclo simples é descrito completamente pelos dois parâmetros independentes: a tensão máxima $\sigma_{máx}$ e a tensão mínima $\sigma_{mín}$ e os ciclos, representados na Figura 4.1 são equivalentes. Por conveniência, podem ser aplicadas outras combinações de dois parâmetros com uso da tensão média:

$$\sigma_m = (\sigma_{máx} + \sigma_{mín})/2 \qquad (4.1)$$

da amplitude de tensão (tensão alternada)

$$\sigma_a = (\sigma_{máx} - \sigma_{mín})/2 = \sigma_{máx} - \sigma_m \qquad (4.2)$$

do intervalo de tensão

$$\sigma = \sigma_{máx} - \sigma_{mín} = 2\,\sigma_a \qquad (4.3)$$

ou da razão

$$R = \sigma_{mín} / \sigma_{máx} \qquad (4.4)$$

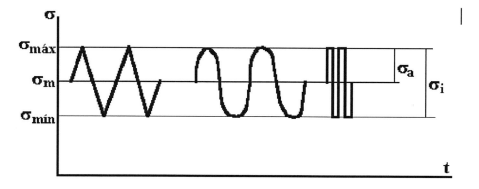

FIGURA 4.1 – Exemplos do carregamento cíclico simples.

O carregamento periódico uniaxial ou multiaxial é uma condição comum de operação dos elementos estruturais. O exemplo mais conhecido é a flexão alternada (rotativa): o eixo de um veículo suporta uma carga quase constante, mas a rotação deste alterna os parâmetros locais do carregamento – na posição superior as fibras horizontais são submetidas à compressão e na inferior à tração. Geralmente, a presença das peças rotativas em máquinas é a principal causa das diversas cargas cíclicas, que são redistribuídas também pelas peças adjacentes. Outra origem das cargas cíclicas são as próprias condições de funcionamento. Os regimes do tipo "carregamento – descarregamento" são característicos para vasos de alta pressão, estruturas de construção etc.

De fato, poucos componentes mecânicos estão sujeitos às variações simples de tensões senoidais ou constantes, em parte, representadas na Figura 4.1. Na maioria dos casos estão presentes carregamentos de amplitude variável. Em situações mais complexas, como no caso de aeronaves, as estruturas estão submetidas ao espectro de carregamento, ilustrado na Figura 4.2. O estudo dos espectros reais do carregamento é uma área importante da engenharia mecânica. Geralmente, o espectro é considerado como uma combinação de carregamentos de amplitude constante. O conhecimento do espectro e do comportamento nos casos básicos permite avaliar a vida do elemento estrutural.

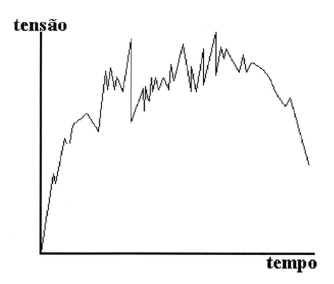

FIGURA 4.2 – Carregamento característico de estrutura aeronáutica.

Os diversos modos de falha estrutural podem ser encontrados nas condições de carregamento cíclico de amplitude constante ou variável. Geralmente, a vida de um elemento estrutural sob carregamento cíclico de fadiga pode ser dividida em três fases:

1 deformação cíclica sem alterações visíveis de microestrutura;

2 nucleação e iniciação de trincas;

3 propagação das trincas resultando em ruptura final.

Representando a vida em fadiga de um componente pelo número crítico de ciclos de aplicação do carregamento "N_c", período este que pode ser indicado pela soma dos ciclos até iniciação das trincas "N_i", como os de propagação das mesmas "N_p"; ou seja, $N_c = N_i + N_p$.

A ausência de algum desses períodos determina a aplicação de métodos específicos para previsão do número crítico de ciclos Nc, para o caso particular. Esses métodos estão divididos em dois grupos principais, que serão considerados a seguir.

A parte dominante da vida útil de elementos lisos, sem concentradores significativos de tensão, é consumida pela deformação cíclica e pela nucleação de trincas; o período de propagação de uma trinca principal é desprezível ($N_i >> N_p$). Nesse caso são formuladas as equações, que relacionam N_c aos parâmetros do carregamento (chamadas "curvas S-N", item 4.2). A generalização para o carregamento com parâmetros variáveis (normalmente aproximado pelo regime com parâmetros constantes em partes), demanda estabelecer algumas regras de soma para calcular a redução da vida estrutural durante todos os trechos elementares. Essas regras, conhecidas como as teorias da acumulação do dano, serão analisadas no item 4.3.

Um período considerável da propagação subcrítica da trinca, característico para muitos casos da fratura sob carregamento cíclico, torna atual um novo problema complicado: a previsão desse processo e número de ciclos "N_p" levados por propagação de trinca até a ruptura final. Esta situação é comum para elementos estruturais com concentradores significativos de tensão (furos, cortes, defeitos etc.) As observações experimentais da propagação subcrítica das trincas sob carregamento cíclico serão representadas no item 4.4 e os modelos para os casos de amplitude constante e variável no 4.5 e 4.6, respectivamente.

4.2 Fadiga de metais. Curvas "S-N"

Considerações microestruturais

Quando se diz respeito a um metal, *"fadiga"* representa o enfraquecimento progressivo e localizado como resultado da aplicação de cargas dinâmicas, podendo resultar na ruptura do material após um número suficiente de ciclos do carregamento. Durante o processo de uma falha por fadiga no metal formam-se microtrincas que, inicialmente, coalescem ou crescem até macrotrincas, que se propagam até exceder a tenacidade à fratura do material, ocorrendo então a falha final. Sob condições normais de carregamento, as trincas de fadiga se iniciam em singularidades que se encontram na superfície ou logo abaixo da mesma. Tais singularidades podem ser riscos, mudanças bruscas de seção, inclusões, contornos de grão fragilizados etc. As microtrincas podem estar presentes como resultado dos processos de soldagem, tratamento térmico ou conformação mecânica. Entretanto, mesmo que as superfícies do metal sejam polidas, sem defeitos e inexistência de concentradores de tensão, pequenas microtrincas podem se formar devido a altos valores de deformação plástica.

A ausência de sinais de deformação plática considerável na superfície da fratura é uma característica clara da fratura frágil. Esta aparência é observada na maioria das rupturas por fadiga, considerando-se o fato de que na quase totalidade dos casos, as tensões aplicadas são menores do que o limite de escoamento do metal. Na superfície da fratura por fadiga, a região de ruptura final apresenta um aspecto grosseiro, irregular e opaco e resulta na perda de capacidade do componente de suportar a tensão aplicada.

Na ausência de defeitos internos, a trinca de fadiga se inicia na superfície livre do material. Pelo fato dos grãos cristalinos que se encontram na superfície terem menor restrição à deformação plástica, a ação do carregamento induz a formação de linhas de deslizamento. Nessas linhas, o empilhamento preferencial das discordâncias pode ressaltar no deslizamento persistente e irreversível. A deformação plástica é mais intensa nessas linhas e após a aplicação de um determinado número de ciclos de carregamento, formam-se extrusões (zonas salientes) ou intrusões (zonas reentrantes). Nessas zonas, apesar das representadas dimensões microscópicas é intensa a concentração de tensões, devido ao efeito do entalhe aí existente.

Curvas "S-N"

As curvas "*S-N*" que representam os resultados obtidos nos ensaios de fadiga, baseiam-se no registro da tensão aplicada em função do número de ciclos para a ruptura. A *curva "S-N" básica* é obtida quando a tensão média é zero; isto é, a tensão mínima é compressiva com $| \sigma_{mín} | = \sigma_{máx}$ (a razão de carregamento R = -1). A *fadiga é de alto ciclo* quando o número de ciclos até a fratura ultrapassa uma faixa de 10^4 a 10^5 ciclos, com tensão nominal atuante geralmente elástica. A *fadiga de baixo ciclo* ocorre para tensão e deformação predominantemente plásticas, com fratura ocorrendo em menos de 10^4 a 10^5 ciclos. Como pode ser observado, as tensões máximas na fadiga de baixo ciclo são geralmente maiores, o que aumenta a importância dos efeitos não lineares. No caso específico dos aços, há um limite de tensão abaixo do qual a vida da amostra é infinita ou a fratura ocorre após um número muito elevado de ciclos, normalmente acima de 10^7.

As curvas "S-N" representam os dados experimentais sobre a fadiga cíclica dos elementos estruturais nas coordenadas "tensão máxima *versus* número dos ciclos" (*stress – number of cycles*). Pois um só parâmetro é insuficiente para caracterizar o carregamento cíclico, a variação de outro parâmetro independente fornece uma família de curvas relacionadas a um material estrutural.

Os ensaios de fadiga, inclusive cíclica, são caracterizados normalmente por uma grande dispersão dos dados devido a irregularidade de microestrutura. Por isso, todas as normas conhecidas sugerem realizar alguns ensaios com corpos de prova semelhantes e com parâmetros iguais de carregamento. A distribuição da vida útil é analisada por métodos estatísticos para determinar um valor esperado (o mais provável) e sua probabilidade de erro. Este procedimento resulta em um ponto no plano "tensão máxima *versus* número dos ciclos". Outros pontos para determinação da mesma curva são obtidos com variação da tensão máxima e razão de carga "R" constante. A curva é descrita por alguma forma de equação, formulada em norma correspondente e as constantes da mesma são determinadas, geralmente, pela condição da melhor aproximação dos pontos experimentais.

Esse procedimento é repetido para 2 a 6 valores do parâmetro "R" na faixa [-1; 0,5]. As normas modernas usam um procedimento universal para a melhor aproximação de nuvem de pontos por uma família de curvas, definidos pela equação assumida. Um exemplo esquemático das curvas S-N é representado na Figura 4.3. Tradicionalmente, é usada a escala logarítmica no eixo N_c.

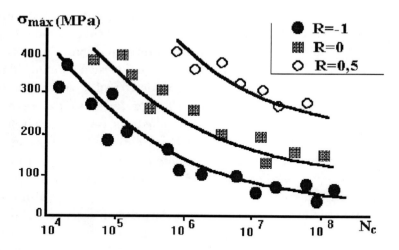

FIGURA 4.3 – Curvas típicas "S-N". R=–1 corresponde à curva básica.

Considerações estatísticas

Como foi destacado, as curvas S-N, representadas na Figura 4.3. fornecem apenas o número mais provável (entre os observados em ensaios experimentais) de ciclos até a ruptura para dados parâmetros de carregamento. O conhecimento desse número nem sempre é suficiente para o projeto estrutural. A necessidade de se saber a probabilidade da fratura para um dado número de ciclos sob condições determinadas de carregamento demanda levantar para o valor fixo do parâmetro "R", em vez de uma curva idealizada, as várias curvas de probabilidade.

Isto pode ser observado na Figura 4.4 onde cada curva indica uma probabilidade da fratura. Usando como exemplo a tensão σ_1, verifica-se uma probabilidade de 1% da fratura da amostra após N_1 ciclos, 50% após N_{50} ciclos e 99% após N_{99} ciclos. Observa-se uma distribuição em torno da curva de probabilidade de 0,5.

Uma diferença na dispersão dos resultados ocorre para altos e baixos níveis de solicitação, sendo maior para tensões aproximando-se do limite de fadiga do material. Isto se deve ao número de ciclos de iniciação da trinca de fadiga que, para altos níveis de tensão, representa uma pequena fração do número de ciclos da fratura.

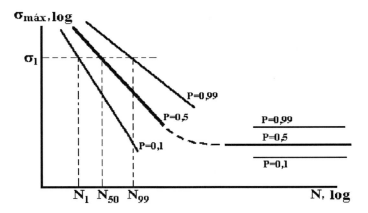

FIGURA 4.4 – Curvas S-N de várias probabilidades da fratura.

Deve ser destacada também a importância dos métodos estatísticos e probabilísticos para análise de condições de carregamento (distribuição dentro do espectro observado) em muitas estruturas mecânicas.

O leitor que se interessar por aspectos probabilísticos de fadiga pode encontrar mais informações, inclusive as normas para ensaios experimentais e análise dos dados, nas publicações da "American Society for Testing and Materials" (1972), Little & Ekvall (1981).

4.3 Teorias de dano acumulado por fadiga cíclica

Na previsão da vida em fadiga de elementos estruturais ou componentes de máquina verifica-se que é incorreto fazer uma estimativa do tempo que o material pode desempenhar nas funções para as quais foi projetado, sujeito a um ambiente de tensões de amplitude variável, baseado em resultados de laboratório obtidos para algumas solicitações senoidais de amplitude constante. Desse modo, devem ser desenvolvidos modelos teóricos que permitam a utilização de dados obtidos em carregamentos de amplitude constante, para explicar e prever o comportamento dos componentes em situações complexas de carregamento.

Fazendo-se uma análise das teorias que determinam a vida em fadiga, pode-se verificar que grande parte destas admite o conceito de dano acumulado, diferindo entre si no equacionamento matemático, no espectro de carga considerado ou nos parâmetros utilizados para avaliar o dano, obtido da curva convencional/tensão aplicada *versus* número de ciclos até a falha. Será apresentado, a seguir, um resumo das principais teorias de dano acumulado.

O conceito de que a deterioração gradual de um certo material submetido a carregamento cíclico se comporta de maneira linear, foi proposto por Palmgren (1924) e Miner (1945). A razão de ciclos $\dfrac{n_i}{N_i}$ é utilizada como parâmetro da deterioração gradual do material.

$$D = f\left(\frac{n_i}{N_i}\right) \tag{4.5}$$

A falha ocorrerá no elemento estrutural ou componente mecânico quando:

$$\sum_{i=1}^{m} \frac{n_i}{N_i} = 1 \tag{4.6}$$

onde: n_i – número de ciclos aplicados no i-ésimo nível de tensão; N_i – vida em fadiga do i-ésimo nível de tensão e corresponde ao número de ciclos até a falha nesse nível.

Uma variação da teoria de Palmgren–Miner foi proposta por Grover (1960), que divide a vida total de um material solicitado a um carregamento cíclico, em dois estágios. O primeiro estágio se relaciona ao número de ciclos necessários para a nucleação da trinca por fadiga, enquanto o segundo estágio se refere à propagação, mais especificamente, ao número de ciclos necessários para a propagação da fissura por fadiga até a falha final.

Assim, o número de ciclos total N_f, para a falha do componente, é obtido por meio da seguinte expressão:

$$N_f = N_n + N_p \tag{4.7}$$

onde: N_n – número de ciclos necessários para a nucleação da trinca por fadiga; N_p – número de ciclos necessários para a propagação da trinca por fadiga até a falha final.

A restrição na aplicação da teoria de Grover diz respeito a dificuldade em se determinar o número de ciclos necessários para nuclear uma trinca por fadiga.

O conceito de dano acumulado apresentado por Marco & Starkey (1954) admite que este está associado, em qualquer instante da vida em fadiga do material, ao número, ao tamanho e à forma das fissuras progressivas. O dano acumulado é avaliado pela seguinte expressão:

$$D = \left(\frac{n_i}{N_i}\right)^{x_i}, x_i > 1 \tag{4.8}$$

onde: x_i – variável quantitativa dependente da condição de tensão aplicada.

O modelo apresentado por Corten & Dolan (1956) considera a interação existente entre os efeitos causados por um certo nível de solicitação e os subsequentes, empregando situações de tensões senoidais a dois níveis para a avaliação dos efeitos da interação.

A existência desses efeitos de interação também é admitida no modelo de Freudenthal & Heller (1959), que considera condição de solicitações senoidais a vários níveis, o que representa uma condição mais próxima da que ocorre na realidade.

É possível encontrar na literatura especializada um grande número de métodos para a previsão da vida em fadiga; fundamentalmente todos envolvem o conceito de acumulação gradual do dano durante a aplicação do espectro de cargas. As diferenças entre os métodos surgem da ênfase colocada em algum aspecto particular ou na expressão empregada na representação do carregamento aplicado ao componente, ou, nos dados da curva tensão aplicada *versus* número de ciclos até a falha. Essas teorias desenvolvidas para prever a vida residual em fadiga podem ser agrupadas nas categorias lineares e não lineares:

Teoria de Palmgren-Miner. O modelo assume que o fenômeno do dano acumulado resultante de um carregamento cíclico, está relacionado ao trabalho líquido absorvido pelo componente. O número de ciclos de tensão aplicados, expressos como porcentagem do número total de ciclos até a falha em um determinado nível de solicitação, é proporcional à vida consumida. Desse modo, quando o dano total, de acordo com o conceito exposto, atingir 100%, o componente irá falhar. Portanto, pode-se representar o dano (D) causado pela aplicação de um espectro de carga senoidal, com a vida N em fadiga do componente neste nível de tensão, pela razão de ciclos $D = n/N$.

Como já foi comentado anteriormente, a falha por fadiga ocorrerá quando o dano total atingir 100%. Supondo que a curva tensão aplicada *versus* número de ciclos até a falha de um certo material seja do tipo que está representado na Figura 4.5 e que o mesmo esteja submetido ao carregamento indicado na Figura 4.6, as seguintes hipóteses são feitas pela teoria de Palmgren-Miner:

1 Cada grupo de senoides participa com uma parcela do dano total por meio da razão de ciclos.

2 A localização do grupo de senoides no espectro de carregamento não influencia o dano provocado pelo mesmo. Obtém-se assim uma relação linear entre os ciclos que produzem o mesmo dano no material.

3 A soma dos danos parciais de cada grupo de senoides resulta no dano total.

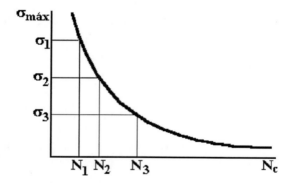

FIGURA 4.5 – Curva básica "tensão máxima do ciclo *versus* número de ciclos até a falha".

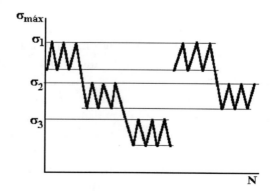

FIGURA 4.6 – Espectro de carga em três níveis de tensões.

Como pode ser observado na Figura 4.5, o número de ciclos a que o material pode estar submetido aos níveis de solicitação σ_1, σ_2, σ_3, .. até ocorrer a falha por fadiga, é dado por N_1, N_2, N_3, .. N_k, respectivamente. Supondo-se que são aplicados ao componente n_1 ciclos ($n_1 < N_1$), no nível de solicitação σ_1, n_2 ciclos ($n_2 < N_2$), no nível de solicitação σ_2 e uma vida residual n_3 ciclos no nível de solicitação σ_3, o dano total causado no material é, segundo a teoria de Palmgren-Miner, fornecido pela seguinte expressão:

$$D = \frac{n_1}{N_1} + \frac{n_2}{N_2} + \frac{n_3}{N_3} = 1$$

No caso mais geral,

$$D = \sum_{i=1}^{m} \frac{ni}{Ni} = 1 \qquad (4.9)$$

A variação do dano D em função do número de ciclos aplicados, para os três níveis de solicitação empregados, está representada na Figura 4.7.

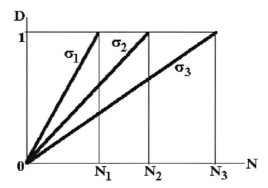

FIGURA 4.7 – Dano D em função do número de ciclos aplicados.

Com referência à Figura 4.6, pode-se chamar de bloco de solicitações ao conjunto dos três grupos de senoides atuantes nos níveis de solicitação σ_1, σ_2, σ_3. O dano produzido por esse bloco é determinado pela soma:

$$D_B = D_1 + D_2 + D_3 = \sum_{i=1}^{3} D_i \qquad (4.10)$$

Sendo $D_i = n_i/N_i$; onde: n_i – número de ciclos aplicados para o grupo de senoides i; N_i – número de ciclos até a falha para o grupo de senoides i. O dano total D causado por um carregamento constituído de n_B repetições do bloco básico de três grupos de senoides é fornecido por:

$$D = nB\ D_B = nB\ \sum_{i=1}^{3} \frac{n_i}{N_i} \tag{4.11}$$

Pela teoria de Palmgren-Miner, a falha por fadiga irá ocorrer quando o dano total for igual à unidade; assim:

$$n_B \cdot \sum_{i=1}^{3} \frac{n_i}{N_i} = 1 \tag{4.12}$$

A expressão para uma situação mais geral, em que o bloco básico é constituído por "m" grupos de senoides, é a seguinte:

$$n_B \sum_{i=1}^{3} \frac{n_i}{N_i} = 1 \tag{4.13}$$

Teoria de Miner Modificada. Na tentativa de se modificar a teoria de Miner de modo a fornecer previsões da vida em fadiga mais conservativas, uma vez que os resultados de ensaios mostram que em certas condições, em carregamento de amplitudes variáveis, o modelo determina uma vida maior de solicitação "σ" para o qual o número de ciclos até a falha é "N", pode ser definido pela seguinte expressão:

$$D = \frac{n}{N}^{x} \tag{4.14}$$

onde:"x" é uma constante positiva. Pode ser observado que este conceito de dano é formulado por meio de uma relação não linear da razão de ciclos, no qual a teoria de Miner é um caso especial. A variação do dano em função do número de ciclos aplicados "n", para dois carregamentos distintos, σ_1, σ_2 está graficamente representado na Figura 4.8.

O comportamento das curvas de dano indicado na Figura 4.7 baseia-se no fato de que o dano é acelerado na medida em que o número de ciclos aplicados aumenta, ou seja, $\frac{dD}{dn}$ torna-se maior quando "n" cresce, ou a segunda derivada d^2D / dn^2 é positiva para cada condição do nível de solicitação e todos os valores do número de ciclos aplicados, n. Diferenciando a equação 4.14, obtém-se:

$$\frac{dD}{dn} = \frac{x}{n}\left(\frac{n}{N}\right)^{x-1} \tag{4.15}$$

A análise da equação 4.15 mostra que x deve ser maior do que 1 para o aumento em $\frac{dD}{dn}$; se "x" for menor do que 1 ocorrerá um decréscimo na taxa de dano com o aumento no número de ciclos.

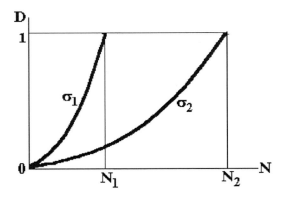

FIGURA 4.8 – Representação não linear do dano, para dois níveis de tensão σ_1 e σ_2.

Supondo que o mesmo dano é ocasionado por n_1 ciclos aplicados no nível de solicitação σ_1 e n_2 ciclos aplicados no nível de solicitação σ_2, obtém-se:

$$D_1 = \left(\frac{n_1}{N_1}\right)^x$$

$$D_2 = \left(\frac{n_2}{N_2}\right)^x$$

Como $D = D_1 = D_2$,

$$\left(\frac{n_1}{N_1}\right)^x = \left(\frac{n_2}{N_2}\right)^x \Rightarrow n1 = \frac{N_1}{N_2}.\ n_2 \tag{4.16}$$

A expressão (4.16) indica, portanto, que a teoria de Palmgren-Miner não considera o expoente "x", tornando-se consequentemente um caso particular do conceito de dano da teoria de Miner modificada.

Teoria de Marco-Starkey. No caso de uma teoria de dano acumulado independente da tensão, o dano é relacionado a razão de ciclos por uma simples curva para todos os valores do nível da solicitação, como está representado na Figura 4.9. Um novo conceito de dano acumulado, formulado por Marco & Starkey (1954), é uma modificação do critério de dano (4.14), levando em consideração o efeito do nível de solicitação; sendo, portanto, dependente da tensão.

A equação do dano, segundo esta teoria, é do seguinte tipo:

$$D = \left(\frac{n}{N}\right)^y \quad (4.17)$$

onde "n" representa o número de ciclos aplicados no nível de solicitação para o qual o número de ciclos até a falha é "N". O expoente "y" é uma variável quantitativa cujo valor depende da condição de tensão aplicada.

É interessante observar que se em y = x, o conceito de dano passa a ser independente do nível de solicitação e que a falha do componente ocorre em n = N, ou seja, quando D = 1. Na Figura 4.10 está representado, de acordo com a expressão (4.17), a variação do dano com a razão de ciclos para os níveis de solicitação σ_1 (1), σ_2 (2), σ_3 (3). ($\sigma_1 > \sigma_2 > \sigma_3$).

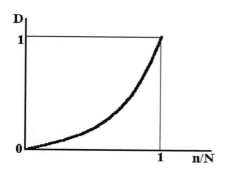

FIGURA 4.9 – Representação do dano independente da tensão.

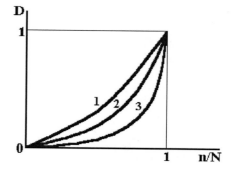

FIGURA 4.10 – Representação do dano dependente do nível.

O modelo proposto por Marco & Starkey considera que y > 1, aproximando-se desse valor à medida que as condições do nível de solicitação se tornam mais severas, como pode ser observado na Figura 4.10. Foi verificado também por essa teoria, o efeito da sequência do carregamento. Em dois níveis de solicitação, resultados de ensaios apresentaram valores de $\sum \frac{n}{N} > 1$ para sequência de níveis de solicitação mais baixos para mais altos e $\sum \frac{n}{N} < 1$ para sequências de níveis de solicitação mais altos para mais baixos. Esse comportamento está indicado na Figura 4.11, que representa o dano em função da razão de ciclos para os níveis de solicitação σ_H, σ_R (referencial, representado pela reta D=n/N), σ_L.

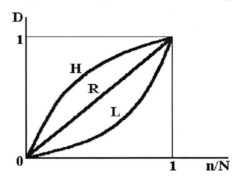

FIGURA 4.11 – Curvas de dano em função da razão de ciclos.

4.4 Nucleação e propagação das trincas: observações experimentais

A nucleação e propagação da trinca principal é um estágio do processo da fratura. A presença dos concentradores de tensão, tais como: riscos, furos, mudanças bruscas da seção, pontos de corrosão, inclusões ou microtrincas surgem em operações de solda, tratamentos térmicos ou conformação mecânica etc.; esse fenômeno ocorre mais cedo e representa o principal período do funcionamento dos elementos estruturais. Normalmente, a nucleação das trincas de fadiga cíclica é observada na superfície ou na área próxima devido aos seguintes fatores: na presença de torção e/ou flexão o nível da tensão é maior na superfície; a interação com o ambiente se concentra nesta zona; a rugosidade superficial pode provocar uma distribuição heterogênea de tensão em pequena escala e menor restrição à plasticidade.

Mesmo sem a presença de concentradores de tensão e estando a superfície bem polida poderá ocorrer a formação da trinca como resultado da deformação plástica alternada. O modelo adequado desse fenômeno proposto por Wood é apresentado, por exemplo, em Broek (1986).

Muitas vezes a propagação de trinca de fadiga no Modo I de carregamento ocorre na direção da tensão máxima de cisalhamento por uma distância da ordem de alguns grãos, ocorrendo, em seguida, uma propagação perpendicular à direção da tensão aplicada.

Em metais dúcteis a propagação de trincas de fadiga pode resultar na formação de estrias ou coalescimento de microcavidades. No caso das estrias, o espaçamento entre duas, por exemplo, representa a taxa de crescimento da trinca.

A detecção do crescimento lento da trinca coloca a questão de avaliar o número dos ciclos do carregamento até a trinca atingir um comprimento crítico. Pesquisas experimentais mostraram as propriedades desse processo, em condições de carregamento externo, chamado de amplitude constante (na realidade caracterizado por dois parâmetros constantes, por exemplo σ_a e σ_m ou $\sigma_{máx}$ e R) e do carregamento cíclico de amplitude variável (com a variação possível do outro parâmetro independente, σ_m).

Na Figura 4.12 está representada a curva típica "comprimento da trinca *versus* número de ciclos do carregamento constante" em coordenadas lineares. Para um ponto qualquer na curva, por exemplo (ℓ ; N), a trinca irá crescer de um dado incremento ($\Delta \ell$) quando submetida a um determinado número de ciclos (Δ N). A taxa de acumulação de dano é medida por $\Delta \ell / \Delta$ N, tendendo este valor a infinito ($\Delta \ell / \Delta$ N $\to \infty$) para ($\ell \to \ell_c$) onde ℓ_c é o comprimento crítico da trinca, instante em que o crescimento se torna instável, induzindo a fratura total. O número de ciclos N_f associado ao comprimento crítico da trinca representa os ciclos acumulados para propagar a fissura de seu comprimento inicial ao até o tamanho crítico.

A vida N_f relacionada com o tamanho crítico da trinca, ℓ_c, pode ser obtida pela equação.

$$\ell_r = \ell_0 + \sum_{j=1}^{N_f} \ell_j \tag{4.18}$$

onde $\Delta \ell_j$ é o incremento do crescimento associado com a j-ésima carga aplicada.

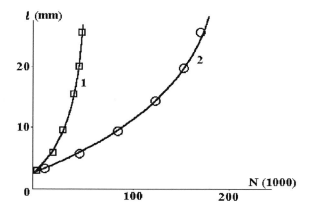

FIGURA 4.12 – Curvas típicas do comprimento da trinca central em razão do número de ciclos (material – liga de Al-Cu-Mg; R=0). (1) $\sigma_{máx} = 12$ kg/mm^2; (2) $\sigma_{máx} = 8$ kg/mm^2.

A equação (4.18) pode ser reescrita de modo que a integração ocorra entre o comprimento inicial da trinca (ℓ_0) e qualquer comprimento intermediário (ℓ_k, onde $\ell_0 < \ell_k < \ell_c$), da seguinte maneira:

$$\ell_K = \ell_0 + \sum_{j=1}^{N} \ell_j$$

onde N é o número de ciclos correspondente ao comprimento de trinca intermediária ℓ_k.

O efeito dos parâmetros do carregamento externo na taxa da propagação da trinca é investigado em uma série de ensaios com parâmetro fixo, por exemplo, com mesma amplitude e variação da tensão média. Pode-se observar na Figura 4.13 as curvas "tamanho da trinca *versus* número de ciclos" para chapas finas (espessura 1.27 mm) da liga de alumínio 2024-T3, submetida nos seguintes níveis de carregamento: (5.000 ± 2.500)N, (6.500 ± 2.500)N e (8.000 ± 2.500)N. Verifica-se que um aumento na tensão média (além de máxima e mínima, relacionadas pela amplitude) resulta no decréscimo da vida em fadiga das amostras que possuem geometria idêntica (Voorwald, Torres, Pinto Júnior, 1991).

O efeito da amplitude do carregamento cíclico pode ser observado, para a liga de alumínio 7475 T761, na Figura 4.14, indicando redução na vida em fadiga com o aumento nesse valor.

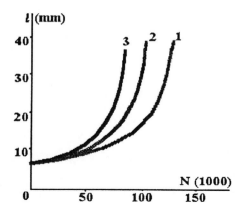

FIGURA 4.13 – Efeito da tensão média no crescimento da trinca por fadiga cíclica. Carregamento: 1. (5.000 ± 2.500)N; 2. (6.500 ± 2.500)N; 3. (8.000 ± 2.500)N.

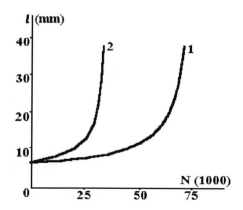

FIGURA 4.14 – Efeito do intervalo de tensão cíclica no crescimento da trinca. Carregamento: 1. (15.000 ± 3.500)N; 2. (15.000 ± 5.000)N.

Quando um componente estrutural está submetido a um carregamento de amplitudes variáveis são observadas diferenças significativas entre as previsões do crescimento da fissura que são obtidas pela utilização de dados conhecidos para amplitudes constantes e pela propagação real da trinca. Esse comportamento é atribuído a interações em d ℓ/dN quando a amplitude do carregamento cíclico é aumentada ou reduzida. Nos anos 60, foram observados os efeitos da sequência de carregamento no crescimento da trinca pela constatação de uma taxa de crescimento menor, após a aplicação de uma sobrecarga, que seria sem a aplicação da mesma. O fenômeno é responsável por uma vida útil total do componente sujeito a um carregamento alto-baixo, maior do que seria sob um carregamento de amplitude constante. Esse comportamento é chamado de retardo na propagação da trinca e se o valor da sobrecarga for suficientemente grande pode ser observado, inclusive, uma parada total no crescimento desta. Na Figura 4.15 está ilustrado o retardo na propagação da trinca por fadiga devido à aplicação de sobrecargas de tração.

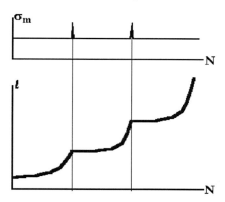

FIGURA 4.15 – Representação do retardo na propagação da trinca devido à aplicação de sobrecargas de tração.

O retardo na propagação da trinca e a parada total no crescimento desta têm sido estudados de maneira intensa nos últimos anos, com o objetivo de se entender o comportamento sob carregamento periódico, com sobrecargas simples ou múltiplas. Para o estudo adequado aos problemas práticos é necessário o conhecimento do carregamento ao qual o componente mecânico estará submetido em serviço. A indústria aeronáutica desenvolveu vários métodos para estimar o espectro de tensões atuantes sobre uma aeronave durante a vida útil, conhecido como espectro de simulação de voo. No entanto, para a compreensão dos efeitos de interação atuantes na propagação da trinca por fadiga e presentes em carregamentos de amplitude não constante, podem ser úteis à realização de ensaios mais simples. Os seguintes espectros representados na Figura 4.16 são, normalmente, utilizados para observar e quantificar os efeitos de interação em carregamentos de amplitude variável: ensaios com uma sobrecarga; ensaios com carregamentos-sequência (alto-baixo, baixo-alto); ensaios com carregamentos em blocos programados; ensaios com carregamentos pseudoaleatórios.

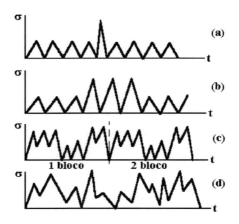

FIGURA 4.16 – Tipos de carregamentos cíclico utilizados em ensaios: (a) sobrecarga simples; (b) sequências; (c) blocos programados; (d) pseudoaleatórios.

O retardo no crescimento da trinca foi investigado experimentalmente para alguns aços, ligas de alumínio e ligas de titânio. As observações mais importantes com relação aos efeitos de interação nos testes devidos às sobrecargas ou carregamentos em blocos, podem ser resumidas da seguinte maneira:

1 Sobrecargas positivas introduzem retardos significativos no crescimento da trinca. Observa-se, de modo geral, retardos mais longos nas seguintes situações:

a) maiores valores de sobrecarga;

b) aplicação repetida de sobrecarga durante a propagação da trinca;

c) blocos de 10-100 picos de sobrecarga ao invés de simples sobrecargas.

Foi verificado em alguns trabalhos, que o retardo no crescimento da trinca não ocorre necessariamente após a aplicação da sobrecarga; um crescimento adicional pode acontecer antes que a taxa de propagação diminua.

Em outros trabalhos foi observado inclusive uma pequena aceleração inicial. Este "atraso no retardo" é constatado pela observação do espaçamento de estrias.

2 A intensidade do retardo na taxa de propagação da trinca por fadiga está diretamente associada à relação entre o fator de intensidade de tensão máximo na sobrecarga, $K_{máx.sc}$ e o fator de intensidade de tensão máximo

na carga de referência, $K_{máx.cr}$, ou seja $K_{máx.sc} / K_{máx.cr}$. Por exemplo, em chapas finas de uma liga de alumínio 2024 – T3, verificou-se que para $K_{máx.sc} / K_{máx.cr} < 1,2$ não ocorre o retardo no crescimento da trinca e $K_{máx.sc} / K_{máx.cr} < 1,6$ produz parada total na propagação da fissura. Deve ser observado, no entanto, que estes valores se aplicam somente às amostras, condições de carregamento e outros parâmetros para os quais foram obtidos. Para uma determinada razão $K_{máx.sc} / K_{máx.cr}$, a quantidade de retardo diminui à medida que a espessura ou o limite de escoamento do material aumentam.

3 A zona plástica na ponta da trinca criada pela sobrecarga de tração é responsável pelo retardo no crescimento da fissura. Observou-se este efeito de interação mesmo após a trinca ter se propagado através da zona plástica criada pela sobrecarga.

4 A extensão da trinca causada pelas sobrecargas é maior que o esperado em testes de amplitude constante.

5 Cargas negativas, menores que a carga de referência têm um efeito relativamente pequeno no crescimento da trinca. Observou-se que cargas negativas aplicadas imediatamente após sobrecargas positivas, podem reduzir o retardo no crescimento da trinca, que ocorreria se a mesma não fosse aplicada. No caso de carga negativa preceder a sobrecarga positiva, a redução no retardo pode ser menor. Assim, pode-se concluir que há um aparente efeito da sequência nos ciclos de sobrecarga.

6 Em carregamento de blocos, uma sequência alta-baixa produz resultados similares aos observados nos picos de sobrecarga. Esse efeito se torna mais pronunciado quando o número de ciclos de sobrecarga é aumentado até o valor limite de saturação. É evidente que a aplicação de muitos ciclos de sobrecarga eliminará qualquer benefício do retardo na propagação da trinca na vida útil do componente. O atraso no retardo não foi verificado após a aplicação consecutiva de sobrecargas.

7 O retardo é função de ductilidade do material. Se a ductilidade de uma liga é controlada por tratamento termomecânico, um limite de escoamento menor produzirá retardos maiores.

Como foi verificado nos diversos trabalhos envolvendo picos e blocos de sobrecarga, se uma sequência de carregamento alto-baixo pode produzir retardo no crescimento da trinca, uma sequência de carregamento baixo-alto pode causar uma aceleração no crescimento desta. Observa-se ainda uma rápida estabilização da aceleração na taxa de propagação da trinca por fadiga, comparativamente aos efeitos do retardo. Foi constatado também um maior crescimento da fissura imediatamente após a sequência ascendente de carregamento.

4.5 Propagação das trincas: modelos para amplitude constante

Os trabalhos de pesquisa objetivando determinar a taxa de propagação de uma trinca por fadiga cíclica, utilizaram a seguinte forma geral:

$$\frac{d\ell}{dN} = f(\ell, \sigma, M) \tag{4.19}$$

onde: " ℓ " – comprimento da trinca; "σ" – tensão aplicada; "M" – propriedades do material.

Foi importante a contribuição ao estudo da propagação da trinca por fadiga feita por Paris & Erdogan (1963), que propuseram uma correlação entre a taxa de crescimento da trinca e a variação do fator de intensidade de tensão, Δ K, da seguinte forma:

$$\frac{d\ell}{dN} = c(\ K)^n \tag{4.20}$$

onde: "c", "n" são as constantes do material. As várias curvas " ℓ *versus* N" podem se reduzir a uma simples curva quando os dados são representados em termos da taxa de crescimento da trinca por ciclo de carregamento, d ℓ / dN e a flutuação do fator intensidade de tensão, Δ K (um parâmetro que incorpora o efeito do comprimento da trinca e do valor do carregamento cíclico).

Em particular para as ligas de alumínio 2024-T3 e 7075-T6, foi verificado que n = 4 fornece um bom ajuste aos dados experimentais não devendo, entretanto, ser usado universalmente. Foram tabelados, valores de n para vários metais e foi observado uma variação de n = 2,3 a 6,7, com um valor médio em torno de n = 4,5.

Como foi comentado no Capítulo 2, o fator intensidade de tensão para um corpo com carregamento distante de tração, tem a forma geral:

$$K = \sigma\sqrt{\pi\ell}Y$$

onde "Y" é um fator geométrico adimensional. Assim, quando no carregamento de amplitude constante, a tensão mínima é igual a zero ($\sigma_{mín} = 0$), a taxa de propagação da trinca de fadiga por ciclo é representada como:

$$\frac{d\ell}{dN} = f(\Delta K) = f\left[(\sigma_{máx} - \sigma_{mín})\sqrt{\pi\ell}Y\right] = f(2\sigma_a\sqrt{\pi\ell}Y) \qquad (4.21)$$

Desse modo, para a condição de razão de ciclo igual a zero, $R = 0$ (pois $\sigma_{mín} = 0$), a equação (4.20) indica que a taxa de crescimento da trinca por fadiga por ciclo de carregamento, $d\ell/dN$ está diretamente relacionada com a tensão máxima (ou tensão alternada) e comprimento da trinca.

Consideram-se os ensaios realizados com razões de tensão maior que zero ($R > 0$). Na maioria dos casos, com o aumento do $K_{máx}$ para um dado ΔK, a taxa de propagação da trinca por fadiga aumenta. Na literatura este efeito é chamado de "efeito da razão de tensão".

Como pode ser observado na Figura 4.17, a curva "log d ℓ / dN *versus* log ΔK" apresenta três regiões distintas.

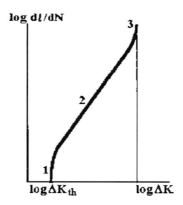

FIGURA 4.17 – Curva típica "log d ℓ / dN *versus* log ΔK".

Na região (1) o fator de intensidade de tensão abaixo do qual não ocorre o crescimento da trinca por fadiga, Δ_{Kth} é chamado de fator limite de intensidade de tensão. A ordem de grandeza deste parâmetro para as ligas de alumínio, situa-se entre 3 e 7 MPa $\sqrt{m}$, enquanto para aços este valor está entre 6 e 17 MPa $\sqrt{m}$. Em aços, ocorre, nessa região, uma grande influência da microestrutura e da tensão média nas taxas de crescimento da trinca. Observa-se também uma crescente sensibilidade à sequência de solicitações e aos efeitos ambientais. Esse comportamento pode ser explicado com base no fechamento da trinca e em fatores do meio ambiente.

Na região (2) a expressão (4.20) descreve adequadamente as taxas de crescimento entre 10^{-5} e 10^{-3} mm/ciclo e pode ser utilizada para prever as taxas de propagação de trincas de fadiga em componentes em serviço. Em aços a falha geralmente ocorre como resultado do mecanismo de estrias, observado-se também pequena influência da microestrutura, meio ambiente e tensão média (caracterizada pela razão de ciclo, $R = K_{mín} / K_{máx}$) na taxa de propagação da trinca por fadiga. A maior parte dos problemas de crescimento da trinca por fadiga em estruturas e componentes mecânicos aplicados em engenharia ocorrem nesta região sendo, portanto, de grande utilidade conhecer os mecanismos que atuam na taxa de propagação da fissura. Para baixas taxas de crescimento de trinca, a equação (4.20) é conservativa à medida que ΔK se aproxima do fator limite de intensidade de tensão, ΔK_{th}, abaixo do qual a propagação da trinca não pode ser observada.

Na região (3) um crescimento mais rápido da taxa $d\ell / dN$ ocorre à medida que o fator de intensidade de tensão se aproxima do valor da intensidade de tensão crítica, K_c, e a equação (4.20) geralmente subestima a taxa de propagação da trinca por fadiga. Nessa região, as taxas de crescimento são sensíveis à microestrutura e à tensão média devido a inclusão dos modos da fratura estáticos tais como a clivagem e a fratura intergranular e fibrosa.

Observou-se que aumentando a razão de ciclo R, para um mesmo $K_{máx}$, o resultado era uma taxa de propagação da trinca mais elevada. Isto conduz a uma equação mais geral da seguinte forma:

$$\frac{d\ell}{dN} = f(\ K, R)$$

Um exemplo da equação funcional para taxa de crescimento da trinca por fadiga que inclui o fator de intensidade de tensão crítico, K_c e a razão $R = K_{mín} / K_{máx}$ de carga cíclica, é a equação de Forman et al. (1967), escrita da seguinte forma:

$$\frac{d\ell}{dN} = \frac{c(\ K)^n}{(1-R)K_c - \ K} \qquad (4.22)$$

Pela análise da equação (4.22), pode-se verificar que dℓ / dN torna-se infinito quando a trinca atinge o tamanho crítico; ou seja, $K_{máx} \to K_c$, o que, na prática, de fato ocorre.

A expressão (4.22) fornece bons resultados, ao menos para R > 0, em ligas de alumínio, titânio e aço, empregados na indústria aeronáutica. Para valores R < 0 pode-se afirmar que, de um modo geral, os cálculos por meio da equação de Forman fornecem resultados conservativos.

As primeiras observações sistemáticas com relação ao fechamento e abertura da trinca foram feitas por Elber (1971). Verificou-se que em ensaios de fadiga com R > 0, a trinca fechava antes que a tensão mínima do ciclo fosse atingida no ciclo seguinte, como está representado na Figura 4.18.

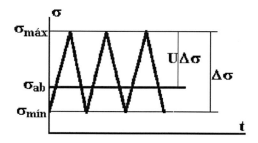

FIGURA 4.18 – Tensões de abertura/fechamento da trinca.

O comportamento do fechamento da trinca é explicado pela presença das deformações residuais deixadas ao longo do caminho percorrido pela fissura durante a sua propagação. Elber desenvolveu o conceito de "variação do ΔK_{ef} (fator efetivo de intensidade de tensão)", que pode ser escrito como:

$$K_{ef} = K_{máx} - K_{ab} = U \quad K$$

onde K_{ab} é o fator intensidade, que corresponde à abertura da trinca; U é a fração do ciclo no qual a trinca está totalmente aberta. Para a liga 2024-T3, Elber determinou experimentalmente a expressão: U = 0,5 + 0,4R. Considerando que a trinca somente se propaga quando está aberta, a equação (4.20) pode ser reescrita da seguinte forma:

$$\frac{d\ell}{dN} = c(U \Delta K)^n \qquad (4.23)$$

As tensões de fechamento e abertura da trinca foram observadas posteriormente por vários outros pesquisadores, e a expressão para U é diferente para cada tipo de material.

Nelson & Fuchs (1976) propuseram uma expressão utilizando o conceito das tensões de fechamento e assumindo, como Forman, que $d\ell / dN$ deve ser infinito quando $K_{máx} = K_c$:

$$\frac{d\ell}{dN} = \frac{c(K_{máx} - K_{ab})^n}{K_c - K_{máx}} = \frac{c(U\ K)^n}{K_c - K_{máx}} \tag{4.24}$$

4.6 Propagação das trincas: modelos para amplitude variável

Os métodos de análise da propagação da trinca sob carregamentos de amplitude variável podem ser divididos nos seguintes tipos:

1 *Não interativos*. O método não interativo assume que a vida total é o resultado do somatório dos ciclos gastos nos diferentes níveis de tensão e emprega uma expressão para carregamento da amplitude constante. Os efeitos de interação apresentados e discutidos anteriormente não são considerados, resultando o método em estimativas muito conservativas.

2 *Ajuste de dados experimentais*. Esse método procura representar o retardo na propagação da trinca por fadiga por meio de regressão de múltiplas variáveis. A expressão é do seguinte tipo:

$$N_R = k(L)^a (M)^b (N)^c$$

onde: "N_R" – número de ciclos "perdidos" devido ao retardo "L", "M", "N" – variáveis que influenciam o retardo "k", "a", "b", "c" – constantes determinadas experimentalmente. O método apresentado pode ser útil na ausência de um modelo matemático correto que represente o crescimento da trinca durante o retardo.

3 *Baseados no conceito de ΔK equivalente*. O método procura, por meio de análise estatística do espectro de cargas determinar um (ΔK) equivalente que, aplicado em uma equação de amplitude constante represente o comportamento geral da trinca. Um exemplo do método é a utilização da raiz quadrada média (rms) do espectro de carga; ou seja,

$$d\ell / dN = f(\ K_{rms}, R_{rms}) \tag{4.25}$$

São as seguintes as relações para as tensões raiz quadrada média:

$$\sigma_{\text{máx.rms}} = \sqrt{\frac{1}{m}\sum_{i=1}^{m}\left(\sigma_{\text{máx.i}}\right)^2} \qquad \sigma_{\text{mín.rms}} = \sqrt{\frac{1}{m}\sum_{i=1}^{m}\left(\sigma_{\text{mín.i}}\right)^2}$$

$\sigma_{\text{máx.i}}$ e $\sigma_{\text{mín.i}}$ são, respectivamente, as tensões máximas e mínimas e m é o número total de valores de $\sigma_{\text{máx.i}}$ ou $\sigma_{\text{mín.i}}$. Uma vez calculados os valores de $\sigma_{\text{máx.rms}}$ e $\sigma_{\text{mín.rms}}$, pode ser determinada a razão de tensões raiz quadrada média, R_{rms}, por meio da expressão:

$$R_{\text{rms}} = \frac{\sigma_{\text{mín.rms}}}{\sigma_{\text{máx.rms}}}$$

Em alguns trabalhos de pesquisa observou-se que é possível correlacionar bem a taxa média de crescimento da trinca para as cargas aleatórias por meio da equação:

$$\frac{d\ell}{dN} = c\left(\ K_{\text{rms}}\right)^n \tag{4.26}$$

onde ΔK_{rms} é o intervalo de intensidade de tensão raiz quadrada média para uma sequência de carga.

Esse método, apesar de fisicamente incorreto por não considerar os efeitos da sequência de carregamento, fornece bons resultados quando o carregamento é aleatório e a distância entre duas sobrecargas consecutivas é suficientemente grande.

4 *Baseados no conceito de K efetivo.* Calcula-se para cada ciclo, K efetivo e R efetivo, considerando-se os efeitos da região plástica à frente da trinca. Os modelos de Wheeler, Elber e Willenborg, apresentados a seguir, podem ser enquadrados neste tipo.

Modelo de Wheeler. Aceitando o fato de que do crescimento da trinca por ciclo de carga pode ser representado pela equação (4.20), Wheeler (1972) propôs considerar um crescimento da trinca ciclo por ciclo, de acordo com a expressão:

$$\ell_r = \ell_0 + \sum_{i=1}^{r}\left(\frac{d\ell}{dN}\right)_i$$

onde:

ℓ_0 – comprimento da trinca inicial; ℓ_r – comprimento da trinca após r ciclos;

$\left(\dfrac{d\ell}{dN}\right)_i$ – crescimento devido ao ciclo i

Para levar em consideração os efeitos do retardo, Wheeler propôs a representação da taxa de crescimento retardado por meio da expressão:

$$\left(\dfrac{d\ell}{dN}\right)_{i\ ret} = (cp)_i c(\Delta K)_i^n \qquad (4.27)$$

onde $(cp)_i$ é o resultado de retardo para o ciclo i, podendo assumir os valores de 0 a 1 que indicam, respectivamente, parada no crescimento da trinca ou nenhum retardo.

O parâmetro de retardo para o ciclo i, $(cp)_i$, foi expresso por Wheeler em termos do tamanho da zona plástica na ponta da trinca associado com o ciclo i, relativo ao tamanho da mesma causado por uma sobrecarga de tração, de acordo com a expressão:

$$(cp)_i = \left|\dfrac{r_{pi}}{d_{es}}\right|^m$$

onde "r_{pi}" é a dimensão da zona plástica em deformação plana determinada pela equação (2.75); "d_{es}" é a distância da ponta da trinca ao contorno da zona de escoamento causada pela última sobrecarga de tração e "m" é o expoente de forma.

Os parâmetros envolvidos no modelo de Wheeler podem ser melhor compreendidos por meio da representação feita na Figura 4.19.

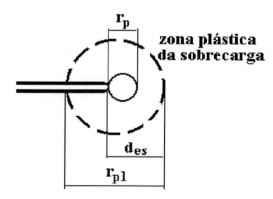

FIGURA 4.19 – Relação das zonas plásticas na ponta da trinca no modelo de Wheeler para o retardo.

Assim, segundo o modelo, o retardo cessa quando o contorno da zona plástica no ciclo "i" atinge o limite da zona plástica devido à sobrecarga. Assumindo um retardo máximo imediatamente após a aplicação da sobrecarga de tração, diminuindo progressivamente na medida em que a trinca caminha por meio da zona plástica induzida pela sobrecarga, o modelo não explica o fenômeno do atraso no retardo que foi observado por alguns autores, após a aplicação de uma sobrecarga de tração simples. O modelo de Wheeler, por meio da escolha conveniente do expoente de forma "m", fornece uma boa concordância com dados experimentais.

No modelo de Wheeler anteriormente apresentado, o fator de retardo "cp" calculado, opera diretamente sobre a função portadora "dℓ/ dN" reduzindo o seu valor. No entanto, esse procedimento requer o conhecimento prévio dos dados obtidos no ensaio para então se encontrar o expoente "m".

Modelo de Willenborg. No modelo de Willenborg et al. (1971), o retardo é obtido operando-se diretamente sobre a função ΔK. Um valor efetivo de ΔK é calculado assumindo-se uma forma para a tensão residual presente na extremidade da fissura após a aplicação de sobrecarga. Este ΔK efetivo é então usado na fórmula para o cálculo de dℓ / dN relativo a um espectro de carregamento da intensidade constante. Para melhor descrever o modelo, considera-se o carregamento mostrado na Figura. 4.20.

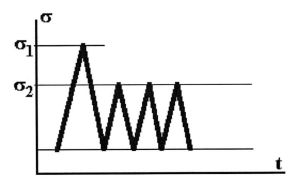

FIGURA 4.20 – Espectro utilizado para descrever o modelo de Willenborg.

O modelo é desenvolvido segundo as seguintes etapas:

1 A sobrecarga σ_1 é aplicada ao comprimento da trinca ℓ_1. A dimensão da zona plástica criada por σ_1 "r_{p1}" é calculada por meio da equação (2.75) para tensão plana.

2 O primeiro ciclo de tensão σ_2 do segundo nível é aplicado. O valor σ_2 é comparado com o valor σ_1. Se $\sigma_2 < \sigma_1$, o modelo de retardo é aplicado.

3 O primeiro passo na aplicação do modelo de retardo é a determinação da tensão requerida σ_{req}, tensão esta necessária para produzir uma zona plástica que se extenda até os limites de "r_{p1}".

A extensão da zona plástica produzida por σ_{req} é dada pela expressão:

$$r_r = \ell_1 + r_{p1} - \ell_c = \frac{K_{req}^2}{2\,\pi\,\sigma_{ys}^2} = \frac{\left(\sigma_{req}\sqrt{\pi\,\ell_c}\,Y\right)^2}{2\,\pi\,\sigma_{ys}^2} \tag{4.28}$$

onde "ℓ_c" é genericamente o comprimento da fissura corrente no início da aplicação do ciclo de ordem "i" do segundo nível de tensão e "Y" é o fator geométrico adimensional. Utilizando a equação (4.28) pode ser expressa σ_{req}:

$$\sigma_{req} = \frac{\sigma_{ys}}{Y}\sqrt{\frac{2\left(\ell_1 + r_{p1} - l_c\right)}{\ell_c}} \tag{4.29}$$

Portanto, para o primeiro ciclo de tensão (i = 1) do segundo nível, ℓ_c se torna igual a ℓ_1 e a equação (4.29) toma a forma particular:

$$\sigma_{req} = \frac{\sigma_{ys}}{Y}\sqrt{\frac{2r_{p1}}{\ell_1}} \tag{4.30}$$

Verifica-se que σ_{req} no primeiro ciclo torna-se igual ao valor da sobrecarga σ_1.

4 O modelo assume que $K_{máx}$ corrente sofre redução de uma quantidade de K_{red} devido ao ingresso da fissura na zona plástica criada pela sobrecarga:

$$K_{red} = K_{req} - K_{máx.2,i} \tag{4.31}$$

a equação (4.31) significa que a tensão reduzida é:

$$\sigma_{req} = \frac{K_{red}}{Y\sqrt{\pi\ell_{2,i}}} - \frac{K_{máx.2,i}}{Y\sqrt{\pi\ell_{2,i}}} \tag{4.32}$$

Para o primeiro ciclo de tensão do segundo nível teremos:

$$K_{red} = K_{req} - K_{máx.2,1}$$

Quando a trinca se propaga por toda a extensão da zona plástica criada pela sobrecarga, acaba o efeito do retardo e K_{red}, deverá assumir um valor igual a zero.

5 Os valores efetivos de $K_{máx}$ e $K_{mín}$ aplicados no segundo nível de tensão serão calculados como segue:

$$K_{máx.ef.2,i} = K_{máx.2,i} - K_{red} = K_{máx.2,1} - K_{red} \tag{4.33}$$

$$K_{mín.ef.2,i} = K_{mín.2,i} - K_{red} = K_{mín.2,i} + K_{máx.2,1} - K_{red} \tag{4.34}$$

Se $K_{máx.ef}$ ou $K_{min.ef.}$ se tornar negativo, esse valor será igualado a zero. Nesse caso, ΔK_{ef} será menor do que $\Delta K_{2,i}$; caso contrário, $\Delta K_{ef} = \Delta K$, como está representado na Figura 4.21.

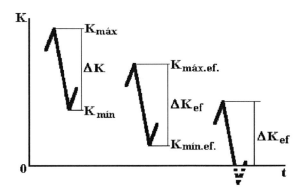

FIGURA 4.21 – Representação de ΔK_{ef} para o modelo de Willenborg.

6 Os valores de ΔK_{ef} e R_{ef} são calculados da seguinte maneira:

$$K_{ef} = K_{máx.ef.2,i} - K_{mín.ef.2,1}$$

$$R_{ef} = \left(K_{mín.ef.2,i} - K_{red.} \right) / K_{máx.ef.2,i} - K_{red})$$

A lei de propagação da fissura poderá então ser aplicada, obtendo-se a propagação da trinca durante o ciclo:

$$\frac{d\ell}{dN} = \frac{c(\ K_{ef})^n}{(1 - R_{ef}) K_c - K_{ef}}$$

Ao final do primeiro ciclo do segundo nível obtém-se $\ell_{2,1}$.

7 Comparar o valor corrente $\ell_{2,1}$ com $\ell_1 + r_{p1}$. Desde que $\ell_{2,1}$ seja menor do que $\ell_1 + r_{p1}$, a progressão da fissura ainda será retardada. Então, retorna-se ao estágio (3) e obtém-se:

$$\sigma_{req} = \frac{\sigma_{ys}}{Y}\sqrt{\frac{2(\ell_1 + r_{p1} - \ell_{2,1})}{\ell_{2,1}}} \qquad (4.35)$$

Pode-se verificar que σ_{req} decresce à medida que o comprimento da trinca se aproxima de $\ell_1 + r_{p1}$. Quando $\sigma_{req} = \sigma_{máx.2,1}$, resulta $\sigma_{req} = 0$ o retardo não será mais aplicado.

Prosseguindo na apresentação dos conceitos utilizados em alguns dos modelos matemáticos propostos para representar analiticamente a intensidade do retardo na velocidade de propagação da trinca, como resultado da aplicação de sobrecargas de tração serão feitas, a seguir, algumas considerações com relação ao "fechamento da trinca".

Modelo de Elber (1971). Tem sido aceito, tradicionalmente, que sob carregamento cíclico, a ponta da trinca abre e fecha na carga zero.

Foi observado por Elber, que durante um carregamento de amplitude constante ocorria o fechamento das trincas por fadiga quando a carga ainda era de tração e sua abertura não ocorria até que altas cargas de tração fossem atingidas no ciclo seguinte. Para explicar o comportamento do fechamento da trinca, deve-se considerar a zona plástica sempre presente ao redor da ponta da trinca como pode ser observado na Figura 4.22.

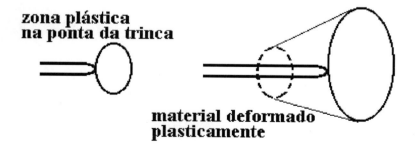

FIGURA 4.22 – Representação da zona plástica na ponta da trinca e do "invólucro plástico" deixado no caminho da trinca que está crescendo.

Na medida em que a trinca cresce por meio de uma sucessão dessas zonas que aumentam em tamanho com o comprimento da trinca, um invólucro de material deformado plasticamente, no qual estão presentes deformações residuais de tração com as correspondentes tensões residuais de compressão, é deixado no caminho da trinca. As deformações residuais de tração são responsáveis pelo fechamento da trinca ainda sujeito a um carregamento de tração e a mesma não se abre até que um carregamento da tração suficientemente alto seja novamente aplicado.

Elber propôs que a taxa de crescimento da trinca fosse correlacionada com um intervalo efetivo de intensidade de tensão,

$$K_{ef} = K_{máx} - K_{ab} \qquad (4.36)$$

ilustrado na Figura 4.23, ao invés do intervalo total de intensidade de tensão, ΔK, como vinha sendo feito.

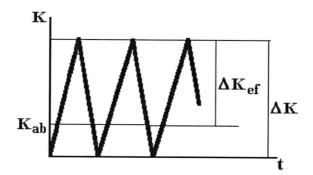

FIGURA 4.23 – Intervalo efetivo de intensidade de tensão proposto por Elber.

É importante salientar o fato de que o conceito de intensidade efetiva de tensão procura, efetivamente, explicar efeitos da sequência de carregamento na propagação da trinca, sejam os mesmos de retardo ou de aceleração, como pode ser observado na Figura 4.24.

Na Figura 4.24, "A" é a intensidade de tensão do fechamento associada com o ciclo de carregamento mais baixo e "B" é a intensidade de tensão do fechamento associada com o ciclo de carregamento de carga mais alta. Na região de transição de carga mais baixa para a carga mais alta, o valor de ΔK_{ef} para o nível mais alto será temporariamente maior do que o seu valor estabilizado representado pelo ponto B, o que causará uma aceleração no crescimento da trinca no nível de carga mais alto.

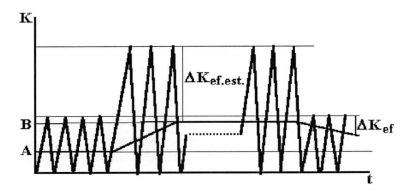

FIGURA 4.24 – Representação da variação e intensidade de tensão do fechamento da trinca com a sequência de carregamento e a correspondente variação em ΔK_{ef}.

Utilizando o mesmo raciocínio para a região de transição da carga mais alta para a mais baixa, verifica-se que ΔK_{ef} será menor do que o seu valor estabilizado representado pelo ponto "A" causando, portanto, um retardo no crescimento da trinca.

Alguns trabalhos evidenciam um efeito de retardo completo não imediatamente após a aplicação da sobrecarga de tração, mas, somente se ocorre um crescimento da trinca em sua distância dentro da zona plástica criada pela sobrecarga. Segundo Elber, uma explicação física para o atraso no retardo do crescimento da trinca após a aplicação de uma simples carga alta pode ser dada pela análise do comportamento da zona plástica deixada pelo ciclo de carga alta na frente da ponta da trinca. Tensões residuais de compressão aparecem na zona plástica como resultado da presença de material elástico ao redor da mesma. Assim, se a região plástica causada pela sobrecarga está na frente da ponta da trinca, não haverá influência das tensões de compressão na abertura da fissura.

Na medida em que a trinca se propaga dentro da zona plástica, estas tensões residuais de compressão vão aumentar nas novas superfícies da fratura.

4.7 Referências bibliográficas

1 BROEK, D. *Elementary Engineering Fracture Mechanics*. Leyden: Noordhoff International Publishing, 1986.

2 CAMARGO, J. A. M. Propagação de trinca por fadiga na liga de Al 7474 T761 submetida a carregamentos de amplitude constante e variável. Guaratinguetá, 1974. Tese (Mestrado) - FEG/Unesp, Universidade Estadual Paulista.

3 CORTEN, H. T., DOLAN, T. J. Cumulative fatigue damage. *Proc. Int. Conf. on Fatigue of Metals,* London: BIME and ASME, p.235, 1965.

4 ELBER, W. The significance of fatigue crack closure damage tolerance in aircraft structures. *ASTM STP 486,* p.230-42, 1971.

5 FREUDENTHAL, A. M., HELLER, R. A. On stress interaction in fatigue and cumulative damage rule. *J. Aerospace Sci.,* p.431, July 1959.

6 FORMAN, R. G., KEARNEY, V. E., ENGLE, R. M. Numerical analysis of crack propagation in loaded structures. *Journal of Basic Engineering, Trans. ASME,* p.459-64, 1967.

7 GROVER, H. J. An observation concerning the cycle ratio in cumulative damage. Symposium on Fatigue in Aircraft Structures, ASTM STP 274, 1960.

8 LITTLE, R. E., EKVALL, J. C. (Eds.) Statistical Analysis of Fatigue Data, *ASTM STP 744,* 1981.

9 MARCO, S. M., STARKEY, W. L. A concept of fatigue damage. *Trans. ASME,* p.627-32, May 1954.

10 MINER, M. A. Cumulative damage in fatigue. *Journal of Applied Mechanics, ASME,* v.12, p.A159-A164, 1945.

11 NELSON, D. V., FUCHS, H. O. Prediction of fatigue crack growth under irregular loading. *Fatigue Crack Growth under Spectrum Loads,* ASTM STP 595,1976.

12 PALMGREN, A. Z. Die Libensdauer von Kugellager. *Zeitschfirt des Deutscher Ingenieure,* v.68, p.339-41, 1924.

13 PARIS, P., ERDOGAN, F. A critical analysis of crack propagation laws. *Journal of Basic Engineering, Trans. ASME,* Série D, v.85, p.528-34, 1963.

14 ASTM STP 511. *Probabilistic Aspects of Fatigue, 1972.*

15 VOORWALD, H. J. C., TORRES, M. A. S., PINTO JÚNIOR, C. C. E. Modelling of Fatigue crack growth following overloads. *Int. J. Fatigue,* v.13, n.5, p.423-7,1991.

16 WHEELER, O. E. Spectrum loading and crack growth. *Journal of Basic Engineering, Trans. ASME,* v.94, 1972.

17 WILLENBORG, J., ENGLE, R. M., WOOD, H. A. A crack growth retardaion model using an effective stress concept. *Technical Memorandum 71-1-FBR,* Jan., 1971.

5 Introdução à mecânica do dano contínuo

A mecânica do dano contínuo é uma parte relativamente nova da mecânica dos sólidos. A rigor, esta não faz parte da mecânica da fratura (como mecânica das trincas) mas deve ser considerada como um elemento necessário da mecânica da integridade estrutural. A mecânica do dano contínuo é um bom exemplo de interação produtiva das diversas áreas científicas. Os resultados das pesquisas em ciência dos materiais e física dos sólidos são descritos pelos métodos da mecância dos sólidos, que permite utilizá-los de maneira racional no cálculo estrutural.

O aparecimento da mecânica do dano contínuo no final dos anos 50 surgiu em resposta à crescente aplicação dos materiais de alta resistência sob temperatura elevada. O desenvolvimento do equipamento energético e aeronáutico mostrou a necessidade de investigar de modo mais detalhado o processo da fratura propriamente dito, que não pode sempre ser considerado como perfeitamente localizado e instantâneo. A falha dos elementos estruturais sob temperaturas e cargas altas sem concentradores fortes de tensão ocorre sem a formação de trinca principal. O tempo entre a aplicação da carga, mesmo constante, e a falha, pode ser muito significativo. Esse tipo de falha estrutural é caraterizado pela acumulação de microtrincas, microporos, discordâncias e outras faltas de continuidade. A descrição direta desse processo é impossível nos limites da mecânica dos sólidos, que se baseia no modelo do meio contínuo. Os modelos físicos, efetivos em nível da microestrutura, levam em consideração um número astronômico de parâmetros para descrever a influência dos processos microestruturais no comportamento mecânico dos materiais na escala das estruturas mecânicas.

A ideia principal da mecânica do dano contínuo é descrever a evolução do estado do material e a redução da vida útil durante o carregamento utilizando parâmetros contínuos. Formalmente, isso significa que os parâmetros complementares e as equações correspondentes são introduzidos no sistema de equações da mecânica dos sólidos. Esses parâmetros podem ter a forma escalar, vetorial ou tensorial. Os três principais conceitos da mecânica do dano relacionam a redução da durabilidade com o estado de tensão, o estado de deformação ou o trabalho mecânico de deformação. A influência do dano no comportamento mecânico do material é considerada ou ignorada pelas diversas teorias do dano contínuo. Em qualquer caso, as constantes adicionais do material (de equação cinética do dano) são determinadas em testes de longevidade.

5.1 Parâmetro escalar do dano

Um parâmetro fundamental e o mais simples da mecânica do dano contínuo é o parâmetro escalar do dano, que foi introduzido independentemente por Kachanov e por Rabotnov. Os trabalhos originais foram publicados em russo e traduzidos para o inglês mais tarde, como os elementos das monografias (Rabotnov, 1959, Kachanov, 1958).

Analisando os dados para o tempo de falha sob tração constante uniaxial e condições de fluência, Rabotnov supôs que um parâmetro muda-se ininterruptamente durante o processo de carregamento, de $\omega=0$ (valor inicial, correspondente ao material livre de tensão) a $\omega = 1$ (valor crítico correspondente à falha completa). A velocidade de acumulação do dano depende do estado de tensão e do dano corrente.

$$\frac{\partial \omega}{\partial t} = f(\sigma, \omega) \tag{5.1}$$

Kachanov formulou esta hipótese em termos do parâmetro de continuidade "Ψ", que muda respectivamente de 1 a 0 e pode ser relacionado com "ω" por uma simples equação:

$$\psi = 1 - \omega$$

Numerosas investigações tiveram o objetivo de determinar a função $f(\sigma, \omega)$ analisando as mudanças da microestrutura num corpo carregado. Nessa concepção, o parâmetro escalar do dano é avaliado pela área relativa de microtrincas, microporos etc. na seção transversal. O valor crítico $\omega_c < 1$ é determinado pela análise da superfície da fratura. Entretanto, as dificuldades práticas da medição não permitem chegar aos resultados mais exatos do que em concepção fenomenológica. Deve-se notar que a relação direta do parâmetro do dano, com falhas locais de microestrutura, fica fora da mecânica do meio contínuo e encontra sérias objeções teóricas. Essas objeções são eliminadas quando os parâmetros de equação (5.1) são determinados pelos métodos fenomenológicos, utilizando somente as medições em escala dos corpos de prova (tais como carga externa e tempo de falha). Rabotnov propôs uma forma simples e efetiva da função f (σ,ω). A velocidade da acumulação do dano é considerada como uma função potencial da tensão efetiva (tensão física, dividida pela continuidade $\Psi = 1 - \omega$):

$$\frac{\partial \omega}{\partial t} = A \left(\frac{\sigma}{1-\omega} \right)^m \qquad (5.2)$$

onde "A", "m" são as constantes do material. Esses parâmetros podem ser determinados utilizando-se somente ensaios mecânicos: testes de longevidade sob carga constante. A integração da equação (5.2) desde o momento inicial do carregamento t = 0 até a instante da falha $t_f (\omega(0) = 0; \omega(t_f) = 1)$ fornece:

$$t_f = \frac{1}{A(m+1)\sigma^m} \qquad (5.3)$$

Essa relação entre carga externa e o tempo decorrido até a falha pode ser representada na forma logarítmica por:

$$\log t_f = -\log A(m+1) - m \log \sigma \qquad (5.4)$$

Desse modo, tem-se a relação linear entre $\log t_f$ e $\log \sigma$. A representação gráfica dos dados $t_f (\sigma)$, em coordenadas logarítmicas e a aproximação do conjunto dos pontos pela linha reta, fornece os valores dos parâmetros do material: "m" (tangente da inclinação) e $\log (A(m+1))$ (distância entre o centro das coordenadas e a linha experimental, medida ao longo do eixo $\log t_f$).

Esses parâmetros podem ser considerados como uma característica da resistência do material à fratura volumétrica lenta. Em numerosos ensaios experimentais foi mostrado que os parâmetros "A", "m" são constantes do material numa faixa de temperatura e condições de carregamento. Mais tarde, foi confirmado que a equação (5.2) é válida não somente para carga constante, mas também para carga não decrescente em estado da tensão uniaxial.

A generalização da equação cinética (5.2) no estado tensão multiaxial tem a forma:

$$\frac{\partial \omega}{\partial t} = A\left(\frac{\alpha\, \sigma_1 + (1-\alpha)\, \sigma_e}{1-\omega}\right)^m \tag{5.5}$$

onde α $(0 \le \alpha \le 1)$ é um parâmetro adicional, dependendo do tipo do estado de tensão e deformação; $\sigma 1$ é a tensão principal máxima; σ_e é a intensidade de tensão de Von Mises, introduzida no item 1.5.

Nessa concepção, o parâmetro "ω" não se refere diretamente as mudanças da microestrutura. Este caracteriza somente o decréscimo da longevidade sob carregamento devido a quaisquer mudanças micromecânicas. Então, "ω" é um parâmetro contínuo, determinado por parâmetros contínuos (tensão e tempo), que pode ser utilizado na formulação dos problemas da mecânica dos sólidos. A diferença principal entre os conceitos de Kachanov e de Rabotnov está não na forma do parâmetro escalar, mas na formulação geral do problema, que contém este parâmetro.

Segundo Kachanov, o estado de tensão e deformação pode ser determinado resolvendo o problema clássico da mecânica dos sólidos (sem parâmetro do dano). Os valores obtidos dos componentes de tensão serão utilizados na equação cinética do dano contínuo (formulação não acoplada).

Rabotnov supunha que, enquanto a acumulação do dano é determinada pela tensão efetiva, esta é também responsável pela deformação do material danificado. Então, as relações físicas são reformuladas, substituindo tensão física pela tensão efetiva. Por exemplo, para fluência a Lei de Norton tridimensional toma a forma:

$$\dot{\varepsilon}_{ij} = \frac{3}{2} B\left(\frac{\sigma_e}{1-\omega}\right)^{n-1} \frac{S_{ij}}{1-\omega} \tag{5.6}$$

Nesse caso torna-se impossível resolver o problema do estado de tensão e deformação sem considerar a evolução do dano. A formulação acoplada do problema da mecânica dos sólidos é mais natural e mais fundamentada, mas a resolução desse problema é, matematicamente, mais complicada do que na formulação não acoplada.

O conceito do dano contínuo, formulado inicialmente para problemas de falha estrutural sob fluência de alta temperatura e carregamento uniaxial, tem uma grande importância para o desenvolvimento da mecânica da integridade estrutural. Assim, da aplicação direta efetiva dos modelos simples, esta concepção foi generalizada para diversas condições de carregamento e comportamento mecânico do material. Deve-se notar também, que alguns modelos efetivos da mecânica da fadiga cíclica são análogos ao conceito de Kachanov – Rabotnov. Formalmente, esse conceito é um tratamento dos dados experimentais, obtidos em testes uniaxiais de longevidade sob carga constante. O objetivo desse tratamento é uma generalização, a aplicação dos parâmetros determinados numa faixa mais larga das condições de carregamento. Vamos considerar mais detalhadamente as possibilidades desta generalização.

Nota-se que a equação (5.2) é válida também sob carga crescente (mais exatamente não decrescente) de tração uniaxial. Se a função da carga é constante por partes, a integração da equação cinética do dano é simples. Esta integração permite determinar o tempo crítico ou dano corrente para a programação conhecida de carregamento. No caso da função da carga não conveniente para integração, o método natural é a aproximação desta por funções constantes por partes lineares, exponenciais etc. A aplicação dessa técnica para uma sequência de carregamento, que inclui os períodos de descarregamentos parciais, pode provocar um erro inadmissível.

Uma generalização mais importante está na aplicação das constantes "A", "m", determinadas por testes uniaxiais, na equação cinética (5.5), válida para o estado de tensão tridimensional. É evidente que se o conceito do parâmetro escalar do dano é válido, com algumas restrições, mesmo sob tração uniaxial, também em estado de tensão tridimensional nem todos os modos e caminhos de carregamento podem ser considerados. As bases teóricas (principalmente termodinâmicas) e as restrições dos modelos parciais estão analisadas nas obras de Rabotnov (1969) e Kachanov (1986) e numerosos artigos sobre a mecânica do dano. A aplicabilidade das teorias diversas do dano é verificada em ensaios experimentais. Geralmente, o parâmetro escalar do dano, com a equação cinética (5.5) é válido pelo menos para as condições de carregamento "simples" (todas as forças externas são proporcionais a algum parâmetro não decrescente).

5.2 Fratura de tubo de parede grossa em condições da fluência

Um dos exemplos clássicos da fratura contínua, sem nucleação de trinca principal, é a falha de um tubo de parede grossa sob pressão uniforme (interna e/ou externa) que ocorre por propagação da frente da fratura (Boyle & Spence, 1983).

Considera-se o cilindro de raio interno "a" o raio externo "b", carregado por pressão interna constante "p". Nessas condições ocorre o estado de deformação plana. O comportamento mecânico do material é descrito pela lei de tipo (1.17) onde o termo não linear inclui também o parâmetro do dano. Desse modo, a reação instantânea ao carregamento é elástica, sob carga quase-estática são observados os processos interligados de deformação viscoplástica e de acumulação do dano descritas pelas equações (5.5) e (5.6). É natural formular e analisar esse problema em coordenadas cilíndricas. Observa-se que as equações de deformação no estágio da fratura latente tomam a forma:

$$\varepsilon_r = \frac{B\sigma_e^{n-1}}{(1-\omega)^n}\left[\sigma_r - \frac{1}{2}(\sigma_\theta + \sigma_z)\right]$$

$$\varepsilon_\theta = \frac{B\sigma_e^{n-1}}{(1-\omega)^n}\left[\sigma_\theta - \frac{1}{2}(\sigma_r + \sigma_z)\right]$$

(5.7)

onde

$$\sigma_e^2 = \sigma_r^2 + \sigma_\theta^2 + \sigma_z^2 - \sigma_r\sigma_\theta - \sigma_r\sigma_z - \sigma_\theta\sigma_z = \frac{1}{2}\left[(\sigma_r - \sigma_\theta)^2 + (\sigma_r - \sigma_z)^2 + (\sigma_z - \sigma_\theta)^2\right]$$

As componentes de tensão em função de deformação se apresentam como:

$$\sigma_r = R_r(\varepsilon_r, \varepsilon_\theta) + \sigma_r^0$$

$$\sigma_\theta = R_\theta(\varepsilon_r, \varepsilon_\theta) + \sigma_\theta^0$$

(5.8)

$$\sigma_z = R_z(\varepsilon_r, \varepsilon_\theta) + \sigma_z^0$$

onde são utilizadas as tensões elásticas equivalentes:

$$\sigma_r^0 = \frac{p\,a^2}{b^2 - a^2}\left(1 - \frac{b^2}{r^2}\right); \quad \sigma_\theta^0 = \frac{p\,a^2}{b^2 - a^2}\left(1 + \frac{b^2}{r^2}\right); \quad \sigma_z^0 = \frac{p\,a^2}{b^2 - a^2}2\nu$$

e os operadores:

$$R_r = \frac{E}{2(1-v^2)}\left[\int_a^r \frac{\varepsilon_r - \varepsilon_\theta}{\eta}d\eta - \frac{b^2(r^2-a^2)}{r^2(b^2-a^2)}\int_a^b \frac{\varepsilon_r - \varepsilon_\theta}{\eta}d\eta + \right.$$
$$\left. + \frac{1-2v}{r^2}\int_a^r \eta\,\varepsilon_z\,d\eta - \frac{(1-2v)(r^2-a^2)}{r^2(b^2-a^2)}\int_a^b \eta\,\varepsilon_z d\eta\right];$$

$$R_\theta = \frac{E}{2(1-v^2)}\left[\int_a^r \frac{\varepsilon_r - \varepsilon_\theta}{\eta}d\eta - \frac{b^2(r^2+a^2)}{r^2(b^2-a^2)}\int_a^b \frac{\varepsilon_r - \varepsilon_\theta}{\eta}\ d\eta - \right.$$
$$\left. - \frac{1-2v}{r^2}\int_a^r \eta\,\varepsilon_z\,d\eta - \frac{(1-2v)(r^2+a^2)}{r^2(b^2-a^2)}\int_a^b \eta\,\varepsilon_z d\eta\right] - E(\varepsilon_\theta + v\varepsilon_z)/(1-v^2);$$

$$R_z = \frac{E_v}{1-v^2}\left[\int_a^r \frac{\varepsilon_r - \varepsilon_\theta}{\eta}d\eta - \frac{b^2}{b^2-a^2}\int_a^b \frac{\varepsilon_r - \varepsilon_\theta}{\eta}d\eta - \right.$$
$$\left. - \frac{1-2v}{b^2-a^2}\int_a^b \eta\,\varepsilon_z\,d\eta + \varepsilon_r - \frac{1-v}{v}\varepsilon_z\right];$$

Nota-se que segundo a condição de incompressibilidade $\varepsilon_z = (\varepsilon_r + \varepsilon_\theta)$, o parâmetro α na equação cinética do dano (5,5) é supostamente igual a 1. Assim, a acumulação do dano é produzida pela tensão principal máxima $\sigma_1 = \sigma_\theta$:

$$\frac{d\omega}{dt} = A\left(\frac{\sigma_\theta}{1-\omega}\right)^m \tag{5.9}$$

O problema é resolvido passo a passo ao longo do tempo. Em cada passo o incremento de deformação é determinado pela equação (5.7) para a tensão e o parâmetro do dano conhecidos do passo anterior. A seguir, as componentes de tensão são calculadas segundo as equações (5.8) e o incremento do dano, segundo a equação (5.9).

É mais conveniente executar a análise numérica em variáveis adimensionais, assim, introduz-se algum valor característico de tensão σ_o. As tensões adimensionais são:

$$S_r = \sigma_r / \sigma_o; \qquad S_\theta = \sigma_\theta / \sigma_o; \qquad S_z = \sigma_z / \sigma_o;$$

o tempo adimensional é

$$\tau = E\sigma_0^{n-1} \int B \, dt = E\sigma_0^{n-1} B \, t$$

A equação cinética do dano toma a forma:

$$\frac{d\omega}{d\tau} = \frac{1}{\tau_0(m+1)} \left(\frac{S_\theta}{1-\omega} \right)^m \qquad (5.10)$$

onde

$$\tau_0 = \frac{EB}{A(m+1)\sigma_0^{m-n+1}} \qquad (5.11)$$

é o tempo normalizado da fratura para o corpo sob tensão constante σ_0.

Se assumir que to = 1 o resultado depende somente do parâmetro de carregamento $p_0 = p/\sigma_0$. Para solução computacional é possível transformar esse problema num número finito de equações diferenciais em pontos discretos ao longo da espessura do tubo (na direção radial) r_j (j = 1, 2, ..., M). Os resultados típicos para a redistribuição de tensão Sr, Sq e a evolução do dano w são representados na Figura 5.1 (para todos exemplos numéricos são considerados os seguintes valores dos parâmetros b = 2a; n = 5; m = 3,5; τ_0= 1).

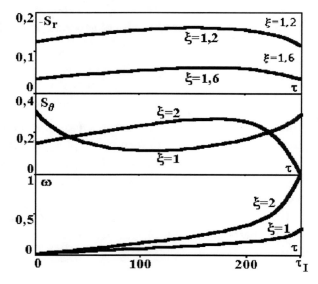

FIGURA 5.1 – Evolução da tensão e do dano (ξ =r/a; p_0 = 0,2).

Supõe-se, naturalmente, que a fratura começa na superfície externa do cilindro, onde a tensão tangencial é máxima, e continua a desenvolver--se na direção da superfície interna. Ao aproximar-se ao tempo τ_I (início da fratura) a tensão na superfície exterior cai até zero. Para a simulação seguinte do processo é necessário reformular o problema, considerando a frente da fratura como nova superfície externa (Figura 5.2).

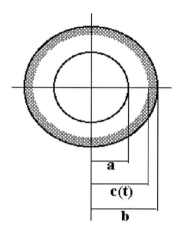

FIGURA 5.2 – Geometria de tubo com zona da fratura.

O material na área $c(t) \le r \le b$, onde $c(t)$ é o raio atual da frente da fratura, não tem a capacidade de carga.

As equações (5.9) e (5.11) ainda são válidas na área não completamente fraturada $a \le r \le c(t)$. As equações (5.10) tomam à forma:

$$\sigma_r^\Sigma = R_r(\varepsilon_r, \varepsilon_\theta) + \sigma_r^\Sigma$$

$$\sigma_\theta^\Sigma = R_\theta(\varepsilon_r, \varepsilon_\theta) + \sigma_\theta^\Sigma \qquad (5.12)$$

$$\sigma_z^\Sigma = R_z(\varepsilon_r, \varepsilon_\theta) + \sigma_z^\Sigma$$

Na área $a \le r \le c$ as tensões elásticas equivalentes são:

$$\sigma_r^0 = \frac{p\, a^2}{c^2 - a^2}\left(1 - \frac{c^2}{r^2}\right); \quad \sigma_\theta^0 = \frac{p\, a^2}{c^2 - a^2}\left(1 + \frac{c^2}{r^2}\right); \quad \sigma_z^0 = \frac{p\, a^2}{c^2 - a^2} 2\nu$$

e operadores do problema de tensões residuais são determinadas pelas fórmulas:

$$R_r = \frac{E}{2(1-v^2)}\left[\int_a^r \frac{\varepsilon_r-\varepsilon_\theta}{\eta}d\eta - \frac{c^2(r^2-a^2)}{r^2(c^2-a^2)}\int_a^c \frac{\varepsilon_r-\varepsilon_\theta}{\eta}d\eta + \right.$$
$$\left. +\frac{1-2v}{r^2}\int_a^r \eta\,\varepsilon_z\,d\eta - \frac{(1-2v)(r^2-a^2)}{r^2(c^2-a^2)}\int_a^c \eta\,\varepsilon_z\,d\eta\right];$$

$$R_\theta = \frac{E}{2(1-v^2)}\left[\int_a^r \frac{\varepsilon_r-\varepsilon_\theta}{\eta}d\eta - \frac{c^2(r^2+a^2)}{r^2(c^2-a^2)}\int_a^c \frac{\varepsilon_r-\varepsilon_\theta}{\eta}\,d\eta - \right.$$
$$\left. -\frac{1-2v}{r^2}\int_a^r \eta\,\varepsilon_z\,d\eta - \frac{(1-2v)(r^2+a^2)}{r^2(c^2-a^2)}\int_a^c \eta\,\varepsilon_z\,d\eta\right] - E(\varepsilon_\theta+v\varepsilon_z)/(1-v^2);$$

$$R_z = \frac{E\,v}{1-v^2}\left[\int_a^r \frac{\varepsilon_r-\varepsilon_\theta}{\eta}d\eta - \frac{c^2}{c^2-a^2}\int_a^c \frac{\varepsilon_r-\varepsilon_\theta}{\eta}\,d\eta - \right.$$
$$\left. -\frac{1-2v}{c^2-a^2}\int_a^c \eta\,\varepsilon_z\,d\eta + \varepsilon_r - \frac{1-v}{v}\varepsilon_z\right];$$

As equações (5.9), (5.11) e (5.12) são transformadas na forma discreta, introduzindo a rede radial r_j (j = 1, 2, ..., M). Depois do início da fratura na superfície $c(t) = b = r_M$, é suposta a redução do raio externo até $c(t) = r_{M-1}$ e a evolução da tensão e do dano nos pontos restantes da rede é computada passo a passo no tempo até o início da fratura na superfície $r = r_{M-1}$. O processo se repete até o último ponto radial. Na Figura 5.3 mostramos evolução da tensão durante a propagação da frente da fratura representada pelo deslocamento do ponto onde a tensão cai até zero e o parâmetro escalar do dano atinge o valor crítico $\omega = 1$.

O procedimento de cálculo descrito permite analisar várias propriedades do processo considerado. A Figura 5.4 representa a influência do parâmetro de carregamento p_0 no tempo até o início da fratura τ_I. A variação do tempo relativo da propagação da fratura $(\tau_{II} - \tau_I) / \tau_I$, onde τ_{II} é o tempo da fratura global, com parâmetro p_0 está indicada na Figura 5.5. A propagação da frente da fratura com o tempo é representada pela Figura 5.6.

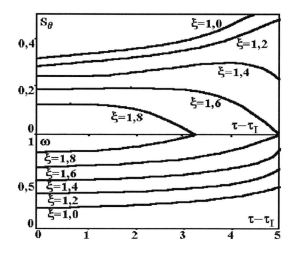

FIGURA 5.3 – Propagação da fratura e evolução da tensão tangencial ($\xi = r/a$; $p_0 = 0,2$).

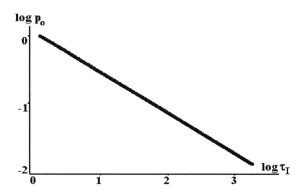

FIGURA 5.4 – Tempo do início da fratura *versus* parâmetro de carregamento p_0.

Este exemplo é típico para análise da fratura volumétrica, em corpos sem concentradores de tensão. A simetria axial permite obter a solução relativamente simples mesmo em formulação acoplada do problema da fluência e da acumulação do dano.

Os problemas com geometria mais complicada são geralmente resolvidos por dois métodos diferentes: 1. em formulação não acoplada, se a solução do problema básico de contorno já existe; 2. desenvolvendo um procedimento numérico mais complicado, por exemplo, baseado no método dos elementos finitos com passo de iteração por tempo.

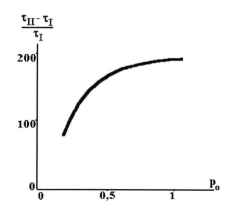

FIGURA 5.5 – Tempo relativo da propagação da fratura *versus* parâmetro p_o.

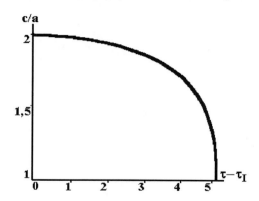

FIGURA 5.6 – Propagação da frente da fratura *versus* tempo normalizado.

5.3 Conceitos avançados da mecânica do dano

A mecânica do dano contínuo é fisicamente mais correta que a mecânica clássica da fratura, entretanto, utiliza as mesmas ferramentas matemáticas potentes (principalmente, os métodos para solução dos sistemas de equações diferenciais, parciais e integrais). Esta concepção, que leva em consideração a existência e a influência de microtrincas, microporos e outras descontinuidades, tem apenas três décadas e atualmente está em pleno desenvolvimento. Algumas restrições aos modelos básicos foram investigadas em ensaios experimentais e eliminadas nas teorias modernas mais complexas, aumentando os fundamentos teóricos e a área das aplicações da mecânica do dano.

As questões principais para um modelo de acumulação do dano nas condições atuais do carregamento e ambientais são:

1 A forma do parâmetro do dano (escalar, vetorial, tensorial).

2 O parâmetro do estado de tensão e deformação, responsável pela acumulação do dano e pela redução de durabilidade.

3 A forma da equação cinética para o parâmetro do dano.

4 O critério da fratura (o valor crítico do parâmetro escalar ou de alguma função do parâmetro vetorial/tensorial).

Nas primeiras variantes da teoria, propostas por Kachanov e Rabotnov para carregamento uniaxial (tração) foi utilizado o parâmetro escalar do dano com um valor crítico, introduzido artificialmente ($\omega = 1$ ou $\Psi = 1 - \omega = 0$). A acumulação do dano foi relacionada à tensão efetiva (tensão nominal "σ" dividida pela continuidade atual $\Psi = 1 - \omega$) e a forma potencial foi escolhida como mais cômoda matematicamente para descrever a dependência não linear entre a tensão aplicada e o tempo da fratura (Rabotnov, Kachanov).

A utilização da tensão efetiva provocou a primeira modernização: formular o critério da fratura em termos desse parâmetro. Essa hipótese é bem natural: quando a acumulação do dano reduz a resistência do corpo à fratura (por exemplo, diminuindo a área da seção transversal efetiva), a tensão efetiva aumenta e a fratura ocorre se σ/Ψ atinge o limite da resistência σ_{us}. A aplicação da bem conhecida constante do material exclui a necessidade de introduzir o dano crítico artificialmente, este é uma função de σ_{us}, dependendo também da carga. Para dano crítico $\omega^* = 1 - \Psi^*$ tem-se:

$$\sigma / \Psi^* = \sigma_{us}; \qquad \Psi^* = \sigma / \sigma_{us}; \omega^* = 1 \qquad -\Psi^* = 1 - \sigma / \sigma_{us}$$

A integração da equação cinética (5.2) em termos do parâmetro "Ψ" fornece:

$$t_f = \frac{1 - \left(1 - \sigma / \sigma_{us}\right)^{m+1}}{A(m+1)\sigma^m}$$

ou

$$t_f = \frac{1}{A(m+1)\sigma^m} - \frac{1}{A(m+1)\sigma_{us}^m}$$

Algumas vezes, os benefícios desse critério (uma descrição mais exata dos dados experimentais) compensam as complexidades com a obtenção das constantes do material.

No caso de tração uniaxial o estado de tensão é descrito pelo único parâmetro σ. A generalização para estado multiaxial leva em consideração a questão sobre seu parâmetro, responsável para fratura lenta. O parâmetro mais simples, a tensão principal máxima σ_1, nem sempre fornece bons resultados. Em alguns casos a intensidade de tensão σ_e, introduzida por Von Mises, é preferida. Nota-se, que esse parâmetro caracteriza a intensidade da tensão de cisalhamento e no caso da tração uniaxial é igual à tensão principal máxima. Observou-se, que a preferência de um parâmetro determinado corresponde a um micromecanismo predominante da fratura. Em geral, tal mecanismo não pode ser previsto, o que provoca a aplicação da combinação linear de σ_1 e σ_e (equação (5.5)).

O conceito do dano contínuo se aplica efetivamente não somente sob condições da fluência. A acumulação do dano é observada pelos métodos modernos não destrutivos, praticamente em todos elementos estruturais, operados em uma faixa larga de carregamento, de comportamento mecânico do material e de condições ambientais. A descrição desse processo pelos métodos fenomenológicos leva à aplicação de novas teorias do dano contínuo. A evolução do dano nessas teorias está relacionada aos diversos parâmetros de tensor de tensão, tensor de deformação ou trabalho mecânico de tensão.

A mecânica do dano contínuo se desenvolve também pela complexidade cada vez maior dos parâmetros do dano e das equações cinéticas correspondentes. A teoria de Kachanov-Rabotnov com parâmetro escalar do dano, mesmo generalizada no estado de tensão multiaxial, fornece resultados insatisfatórios para caminhos complicados de carregamento e não reflete as propriedades anisotrópicas do dano. Nesses casos são aplicados os parâmetros tensoriais ou vetoriais do dano, que permitem considerar a interação entre os modos diferentes de carregamento, a influência do descarregamento, anisotropia do material e outros efeitos complicados. Uma nova complicação se relaciona à formulação do critério da fratura em termos do parâmetro vetorial ou escalar do dano. A maioria das hipóteses propostas é uma generalização dos critérios básicos formulados pelo parâmetro escalar.

Com respeito à forma da equação cinética é observado um monopólio: a velocidade da acumulação do dano é a suposta função potencial de algum parâmetro responsável pelo processo. Isso não representa nenhuma lei física. Tal como, por exemplo, a deformação da fluência; a fratura lenta é caraterizada por uma dispersão significativa dos dados experimentais e mostra uma clara tendência do comportamento não linear. Nessa situação as diversas formas não lineares da equação podem ser, matematicamente, aplicadas e a mais simples será selecionada (a determinação das constantes materiais de ensaios básicos e forma que facilita mais a simulação do processo nos casos mais complicados).

Os recentes avanços, fundamentais na mecânica do dano contínuo, estão representados nos trabalhos de Leckie & Onat (1981), Murakami & Ohno (1981), Chaboche (1984), Lemaitre (1985), Astaf'ev (1986), Chow & Wang (1987), Dunne & Hayhurst (1992) e outros.

O desenvolvimento da mecânica do dano contínuo considera a concentração, cada vez maior, de tensão. Os primeiros modelos foram aplicados para tração uniaxial num estado de tensão rigorosamente uniforme. A generalização para estado de tensão multiaxial e a utilização dos potentes métodos numéricos (principalmente dos elementos finitos) permite considerar já os elementos estruturais de geometria complicada e uma distribuição não uniforme de tensão. A mecânica do dano contínuo desenvolveu as ferramentas necessárias para prever o local e o tempo da nucleação da fratura que é de grande importância prática. Geralmente, esse local é uma área de maior concentração de tensão.

Entretanto, aparece a questão: como prever o desenvolvimento subcrítico daquela zona da fratura? Muitos pesquisadores acham natural analisar esse processo contínuo com as mesmas ferramentas da mecânica do dano contínuo. Deve-se notar que a zona da fratura (a área sem capacidade de carga) é uma anomalia geométrica do elemento estrutural. O tamanho relativamente pequeno e, principalmente a forma desta, aumentam a concentração de tensão.

Concepção local da fratura

As investigações da propagação das trincas aplicando os parâmetros contínuos do dano formam uma área específica da mecânica do dano, que foi analisada pela primeira vez, provavelmente, por Lemaitre (1986) e é chamada *"concepção local da fratura"* (*local approach of fracture*). Essa área é uma das mais atuais e discutidas na moderna mecânica da integridade estrutural. As discussões se relacionam a contradição entre a natureza contínua dos parâmetros do dano e a natureza da trinca, que é uma descontinuidade do material. Entretanto, pelo menos na formulação acoplada, é completamente correto considerar a propagação da trinca como um processo da deformação do corpo com contorno variável.

Outras objeções baseiam-se nas observações microestruturais. A acumulação do dano, visível pelos métodos modernos, nas condições da fluência de alta temperatura ocorre num volume relativamente grande, mesmo no corpo com trinca (*bulk deterioration*). Esse fato, às vezes, é considerado como algum critério de aplicabilidade da concepção. Consequentemente, nos casos da propagação da trinca por fadiga cíclica ou corrosão sob temperatura ambiente, a utilização dos parâmetros contínuos tem mais críticas, pois micromecanismos da fratura são diferentes e o dano visível é mais localizado. Entretanto, não vamos esquecer que os parâmetros do dano contínuo não descrevem diretamente algum mecanismo de fratura e sim a redução da vida residual do material, trata-se de um fenômeno complexo, impossível de se observar apenas através do microscópio. Por exemplo, em ensaios de fadiga cíclica com peças de aço bifásico sem concentradores de tensão as alterações visíveis da microestrutura aparecem, frequentemente, na segunda metade da vida útil (Hashimoto, 1989).

Na realidade, o comportamento mecânico não linear elástico ou plástico também diminui a concentração de tensão nas vizinhanças da ponta da trinca, esse fenômeno não é relacionado exclusivamente à fluência. Para concepção local da fratura, as particularidades do comportamento mecânico ou os micromecanismos da fratura não têm uma importância decisiva: é proposto, simplesmente, aplicar os modelos do dano contínuo para prever a evolução quase-estática de concentrador de tensão. Por isso, a questão principal é a validade desses modelos nas condições reais do carregamento. Com respeito à fadiga cíclica, tais modelos foram formulados e testados antes da teoria de Kachanov-Rabotnov para fluência. A diferença está apenas na forma das equações: o bem conhecido modelo de Miner (1945) e suas modificações são representadas em termos do número de ciclos do carregamento sem introduzir um parâmetro especial do dano.

A concepção local da fratura, baseada na mecânica do dano, não é mais artificial do que os critérios tradicionais da resistência, formulados pelo parâmetro de tensão (também contínuo e não correspondente à microestrutura real, mas correto na escala dos elementos estruturais). Esta concepção é capaz de resolver os problemas importantes, que ficam fora da consideração da mecânica clássica da fratura. Geralmente, a mecânica do dano contínuo pode ser aplicada para a simulação da propagação das trincas no caso do processo subcrítico, quase-estático e não é relacionada ao comportamento mecânico do material.

Os exemplos da aplicação dos modelos diversos para propagação da trinca num material estrutural elasto-plástico (liga de alumínio 2024-T3) se encontram no trabalho de Chow & Lu (1992). As teorias com vários parâmetros de tensão, deformação e trabalho mecânico, controlando a acumulação do dano, são consideradas.

5.4 Propagação subcrítica da trinca à fluência

Nas condições de fluência à temperatura elevada, ocorre a fratura dos elementos estruturais com concentradores de tensão, geométricos ou físicos, geralmente por nucleação e propagação lenta das trincas. A avaliação do tempo desses processos, por razões de segurança, é muito importante para o cálculo estrutural.

As numerosas investigações experimentais que começaram por volta do ano 1970, mostraram uma característica complicada da propagação das trincas sob fluência. As relações empíricas estabelecidas são válidas com significativas restrições. Os diversos parâmetros da carga externa e da geometria de corpo com trinca foram utilizados para correlação de velocidade da propagação da trinca, entretanto não foi determinado um parâmetro universal. A análise dos dados experimentais acumulados permite escolher os dois parâmetros mais efetivos: o fator de intensidade de tensão (K_I no caso de tração) e a integral C^* da fluência estacionária. Estatisticamente, uma melhor correlação da velocidade de propagação da trinca com o fator de intensidade de tensão é observada para ligas de níquel, e com a integral C^* para os aços inoxidáveis (de alta liga) de cromo e níquel. Para aços de baixa liga e ligas de alumínio a melhor correlação com C^* ou com K_I pode ser encontrada com uma igual probabilidade. Para os vários tipos de materiais considerados, em muitos casos, observa-se alguma correlação, porém insuficiente, com estes e outros parâmetros de carregamento. O mapa estatístico dos parâmetros controlando a propagação subcrítica da trinca sob fluência de temperatura elevada é representado na Figura 5.7 (Pastukhov, 1987).

A melhor correlação com K_I encontra-se sob carga relativamente baixa e para trinca relativamente curta. Respectivamente, o parâmetro C^* predomina sob condições de carga alta e trinca mais longa. As conclusões principais de análise geral são:

1 A propagação da trinca pode ser controlada por K_I e por C^* ou por estes dois parâmetros ao mesmo tempo.

2 O parâmetro principal de carregamento não se determina completamente pelo tipo de material estrutural, este depende também de carga, geometria do corpo e comprimento da trinca.

3 A importância de C^* cresce e a importância de K_I decresce com o alongamento da trinca e o aumento da carga.

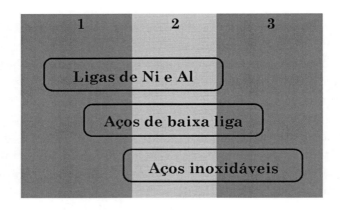

FIGURA 5.7 – Correlação preferencial da taxa da propagação da trinca com parâmetros do carregamento: 1. K_I; 2. K_I ou C^*, um parâmetro é insuficiente; 3. C^*.

As revisões detalhadas dos trabalhos experimentais na área de propagação das trincas sob fluência são publicadas regularmente em revistas e anais de congressos especializados, por exemplo: Van Leevwen (1979), Floreen (1983); Sadananda & Shahinian (1983).

Os modelos teóricos, baseados nos critérios locais de deformação ou energéticos, permitem chegar às relações da velocidade da trinca com K_I ou C^*, dependendo da localização da fluência, mas não explicam o comportamento intermediário. Os modelos mais efetivos foram desenvolvidos utilizando o conceito do dano contínuo (por exemplo Chrzanowski & Dusza, 1981; Ohtami, 1981; Astaf'ev & Pastukov, 1992a, b).

Considera-se o corpo com trinca do Modo I, carregado por forças constantes aplicadas no contorno, distante da trinca. Nessas condições durante a propagação da trinca, a tensão média na seção resistente aumenta e o parâmetro escalar do dano com equação cinética correspondente pode ser aplicado para avaliar a durabilidade local. O critério natural da propagação da trinca pela acumulação do dano sob fluência é o valor crítico do parâmetro escalar ω ($\omega = 1$) na ponta da trinca ou nas suas vizinhanças. Vamos supor, que pequena zona na ponta da trinca (com comprimento igual ao tamanho médio de grão "d") não tem a capacidade de carga. O critério da fratura local (a condição da propagação da trinca) é formulado como $\omega \, (\ell \, (t) + d, t) = 1$, onde $\omega \, (\ell \, (t) + d, t)$ é o dano no ponto, que fica em qualquer instante em uma distância "d" à frente da trinca. A acumulação do dano é descrita pela simplificada equação cinética do tipo (5.4) (a constante α, é supõe-se igual a 1). Na formulação não acoplada as componentes de tensão, representadas pelas soluções conhecidas dos problemas correspondentes de contorno, são aplicadas diretamente na equação cinética do dano.

Enquanto a análise dos dados experimentais mostra a importância dos parâmetros da elasticidade (K_I) e da fluência (C^*), o modelo adequado do comportamento mecânico do material deve incluir as propriedades da fluência e da elasticidade. Tal modelo é apresentado pela equação (1.17), que descreve a resposta elástica do material ao carregamento instantâneo e à fluência sob carregamento quase estático. Se o corpo padronizado com trinca de Modo I (por exemplo, corpo com trinca central) é carregado por tensão constante no contorno longe da trinca, na seção resistente aparece inicialmente a distribuição assintótica de tensão, descrita pelas equações (2.47) (assintótica de elasticidade linear). O desenvolvimento da fluência reduz a singularidade do campo de tensão nas vizinhanças da ponta da trinca. Segundo a análise de Riedel (1981), a relaxação de tensão é descrita pelas equações (3.8) e ocorre durante o tempo t_t, avaliado pela equação (3.10). Em cada momento t ($0 \le t \le t_t$) a zona da fluência é uma zona onde a tensão, determinada pela assintótica da fluência (3.8), é menor que a determinada pela assintótica (2.47). Considerando a componente principal máxima no eixo "x" ao longo da trinca, tem-se:

$$\left(\frac{C(t)}{BI_n r} \right)^{\frac{1}{n+1}} \tilde{\sigma}_{yy}(0,n) \le \frac{K_I}{\sqrt{2\pi r}}; \qquad C(t) = \begin{cases} C^* t_t / t, t \le t_t \\ C^* \quad , t > t_t \end{cases}$$

Então, o tamanho dessa zona é:

$$r_c = \left(\frac{K_I^2}{2\pi \tilde{\sigma}_{yy}(0,n)} \right)^{\frac{n+1}{n-1}} \left(\frac{BI_n t}{C^* t_t} \right)^{\frac{2}{n+1}} \tag{5.13}$$

O processo de redistribuição de tensão é apresentado na Figura 5.8.

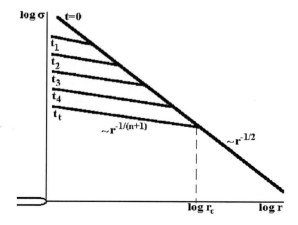

FIGURA 5.8 – Redistribuição de tensão na ponta da trinca ($0 < t_1 < t_2 < t_3 < t_4 < t_t$).

Desse modo, a tensão principal máxima na seção restante no momento do tempo "t" é

$$\sigma_1(r,t) = \sigma_{yy}(r,t) = \begin{cases} \dfrac{K_I}{\sqrt{2\pi r}}, & r \geq r_c(t) \\ \left(\dfrac{C(t)}{BI_n r}\right)^{\frac{1}{n+1}} \tilde{\sigma}_{yy}(0,n), & r \leq r_c(t) \end{cases} \qquad (5.14)$$

onde $r_c(t)$ é determinado pela equação (5.13). Supõe-se que a mesma aproximação seja válida também para propagação subcrítica da trinca.

O processo de propagação da trinca pode ser modelado em forma discreta, ou contínua. No primeiro caso, supõe-se que quando o parâmetro "ω" no ponto crítico ($\ell(t) + d$) atinge o valor ω = 1, o comprimento da trinca aumenta imediatamente na distância "d". O próximo passo da trinca ocorre quando o dano crítico for acumulado num novo ponto crítico. O sistema dos pontos críticos na seção resistente com período "d" é introduzido para simular a propagação discreta. O tempo de cada passo da trinca é determinado pela integração da equação cinética do dano no ponto crítico atual, utilizando os valores do tempo inicial (t = 0 para primeiro passo), do dano inicial e do dano crítico. A integração da equação cinética nos pontos da seção resistente, utilizando o tempo de passo atual, permite calcular o incremento do dano nestes pontos. Esse procedimento pode ser realizado numericamente em qualquer computador se a operação de integração for desenvolvida analiticamente e as aproximações padronizadas para os parâmetros do carregamento forem utilizadas. Geralmente, o procedimento com o passo adicional de tempo para cálculo numérico das integrais e o cálculo dos parâmetros K_I, C^* pelo método dos elementos finitos, demanda significativos recursos computacionais.

No caso em que é suposta a propagação contínua da trinca, é possível chegar às estimativas analíticas para velocidade de propagação da trinca, convenientes para análise geral (Astaf'ev & Pastukhov, 1992b). Essas estimativas ligam a velocidade com os parâmetros de carregamento (K_I e C^*) e são válidas se durante a parte predominante do processo, a zona da fluência for pequena ($r_c < d$), grande ($r_c > b - \ell$, onde "b" é a largura do corpo) ou intermediária ($d < r_c < b - \ell$).

A integração da equação cinética do dano em qualquer instante do tempo "t" no correspondente ponto crítico fornece:

$$1 = A(m+1)\int_0^t \sigma_{yy}^m(\ell(t)+d,t_1)dt_1 \qquad (5.15)$$

onde t_1 é um parâmetro auxiliar (tempo corrente), $\sigma_{yy}(\ell(t) + d, t)$ é a tensão no instante t_1 ($0 \le t_1 \le t$)no ponto, que fica à distância "d" da frente de trinca no instante "t".

O tempo da nucleação da trinca t_s é determinada pela utilização da equação (5.15) em caso particular $t = t_s$.

Para fluência restrita ($r_c < d$) durante todo o período t_s:

$$\sigma_{yy}(\ell(t+d,t_1)) = \frac{K_I(\ell)}{\sqrt{2\pi d}}$$

e

$$t_s = \frac{(2\pi d)^{m/2}}{A(m+1)K_I^m} \qquad (5.16)$$

Se a zona da fluência atinge ao ponto crítico até a nucleação da trinca, este instante crítico é determinado pela condição $r_c = d$:

$$t_c = \frac{C^* t_t}{BI_n} d^{\frac{n-1}{2}}\left(\frac{2\pi}{K_I^2}\right)^{\frac{n+1}{2}} \qquad (5.17)$$

e a equação para t_s toma a forma:

$$1 = A(m+1) \left[\frac{t_c K_I^m}{\left(\sqrt{2\pi d}\right)^m} + \int_{t_c}^{t_s} \left(\frac{C(t)}{BI_n d} \right)^{\frac{m}{n+1}} \tilde{\sigma}_{yy}^m(0,n)\, dt \right] \tag{5.18}$$

Finalmente, tem-se:

$$t_s = \left[\frac{\dfrac{1}{A(m+1)} - t_c \left(\dfrac{K_I}{\sqrt{2\,\pi\,d}} \right)^m - \tilde{\sigma}_{yy}(0,n)\dfrac{n-1}{n-1-m}\left(\dfrac{C^*}{BI_n d} \right)^{\frac{m}{n+1}} t_c^{\frac{n-1-m}{n-1}}}{\left(\dfrac{C^* t_t}{BI_n d} \right)^{\frac{m}{n+1}} \tilde{\sigma}_{yy}^m(0,n)\dfrac{n-1}{n-1-m}} \right] \tag{5.19}$$

para nucleação durante o período de relaxação e

$$t_s = t_t + \frac{\dfrac{1}{A(m+1)} - \dfrac{t_c K_I^m}{(\sqrt{2\pi d})} + \dfrac{n-1}{n-1-m}\tilde{\sigma}_{yy}^m(0,n)\left(\dfrac{C^* t_t}{BI_n d} \right)^{\frac{m}{n+1}}\left(t_t^{\frac{n-1-m}{n-1}} - t_c^{\frac{n-1-m}{n-1}} \right)}{\left(\dfrac{C^*}{BI_n d} \right)^{\frac{m}{h+1}} \tilde{\sigma}_{yy}^m(0,n)} \tag{5.20}$$

para nucleação em condições da fluência estacionária.

O conhecimento do tempo de iniciação permite avaliar a velocidade de propagação da trinca. Para isso, considera-se mais uma vez a equação básica (5.15), onde é suposto $t > t_s$:

$$1 = A(m+1) \left[\int_0^{t_s} \sigma_{yy}^m(\ell(t)+d, t_1)\, dt_1 + \int_{t_s}^{t} \sigma_{yy}^m(\ell(t)+d, t_1)\, dt_1 \right] \tag{5.21}$$

A tensão $\sigma_{yy}(\ell(t) + d, t_1)$ da primeira integral pode variar somente por redistribuição inicial na zona de fluência. Na segunda integral, a tensão varia também por aproximação da trinca crescente. A tensão no ponto $\ell(t) + d$ no instante $t_1 \le t$ é determinado pela fórmula:

$$\sigma_{yy}(\ell(t)+d,t_1) = \begin{cases} \dfrac{K_1(\ell(t_1))}{\sqrt{2\pi(\ell(t)+d-\ell(t_1))}}, & \ell(t)+d-\ell(t_1) \geq r_c(t_1) \\[4mm] \left[\dfrac{C(\ell(t_1),t_1)}{BI_n(\ell(t)+d-\ell(t_1))}\right]^{\frac{1}{n+1}} \tilde{\sigma}_{yy}(0,n), & \ell(t)+d-\ell(t_1) \leq r_c(t_1) \end{cases} \qquad (5.22)$$

Considera-se o caso mais simples: a zona da fluência é bem locali-zada ($r_c < d$) e a tensão no ponto crítico sempre é determinada pela as-sintótica elástica. Substituindo (5.16) e (5.17), a equação básica (5.21) é transformada na forma:

$$1 = \left[\frac{d}{\ell(t)+d-\ell_0}\right]^{\frac{m}{2}} + A(m+1) \int\limits_{t_s}^{t} \frac{K_I^m(\ell(t_1))\, dt_1}{\left((2\,\pi\,(\ell(t)+d-\ell(t_1))\right)^{\frac{m}{2}}} \qquad (5.23)$$

Para resolver esta equação relativamente à velocidade de propagação da trinca é necessário, em primeiro lugar, reformular a equação em termos desta variável. Substituindo a integração pelo tempo por integração pelo alongamento adimensional da trinca, chega-se a:

$$1 = \left[\frac{d}{\ell(t)+d-\ell_0}\right]^{\frac{m}{2}} + \frac{A(m+1)}{(2\pi d)^{\frac{m}{2}}} \int\limits_{0}^{z} \frac{K_I^m(\xi)\left(\dfrac{\partial t_1}{d\xi}\right)d\xi}{(z+1-\xi)^{\frac{m}{2}}} \qquad (5.24)$$

onde $z = (\ell(t) - \ell_0)/d$ é o alongamento adimensional da trinca no instante do tempo t, e $\xi = (\ell(t) - \ell_0)/d$ é o alongamento adimensional no instante t_1 ($0 \leq t_1 \leq t$);

$$\frac{\partial t_1}{\partial \xi} = \frac{1}{\partial \xi / \partial t_1} = \frac{d}{\partial \ell(t_1)/\partial t_1} = \frac{d}{V(t_1)}$$

($V(t_1) = \partial\ell(t_i)/\partial t_i$ é a velocidade da propagação da trinca no instante t_1). Então, a equação para velocidade de propagação de trinca tem a forma:

$$1 - \frac{1}{(z+1)^{\frac{m}{2}}} = C_1 \int\limits_{0}^{z} \frac{K_I^m(\xi)d\xi}{(z+1-\xi)^{\frac{m}{2}}\, V(\xi)} \qquad (5.25)$$

onde a constante é $C_1 = A\,(m+1)/(2\,\pi d)^{m/2}$. A equação está resolvida utilizando-se a transformação de Laplace

$$F(p) = \int_0^\infty e^{-pz} f(z) dz \qquad (5.26)$$

que fornece

$$G(p) = C_1 \int_0^\infty e^{-pz} \int_0^z \frac{K_I^m(\xi) d\xi}{(z+1-\xi)^{m/2} V(\xi)} dz \qquad (5.27)$$

onde G(p) é a imagem da parte esquerda. A alteração da ordem de integração (a área de integração no plano (z, ξ) é mostrada na Figura (5.9)) transforma esta equação em:

$$G(p) = C_1 \int_0^\infty e^{-p\xi} \frac{K_I^m(\xi)}{V(\xi)} \int_\xi^\infty \frac{e^{-p(z-\xi)}}{(z+1-\xi)^{m/2}} dz \, d\xi \qquad (5.28)$$

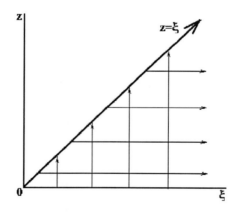

FIGURA 5.9 – Área de integração na equação (5.27) (linhas verticais) e na equação (5.28) (linhas horizontais).

A avaliação assintótica da integral interna, restrita para $p \to 0$ ($z, \xi \to \infty$ ou $\ell - \ell_0 >> d$) torna a equação na forma simples:

$$G(p) \approx C_2 \int_0^\infty e^{-p\xi} \frac{K_I^m(\xi)}{V(\xi)} d\xi \qquad (5.29)$$

A transformação inversa de Laplace e a volta para variáveis dimensionais permite obter a solução respectivamente à velocidade de propagação da trinca:

$$\dot{\ell}(t) = C_3 K_I^m \qquad (5.30)$$

onde "C_3" é uma constante, determinada pelos parâmetros do material "A", "m", "d". Então, a velocidade de propagação da trinca é relacionada ao fator de intensidade de tensão por equação simples, que utiliza somente os parâmetros convencionais do material (constantes de durabilidade "A", "m" e o tamanho médio de grão "d").

A solução análoga sob condições da fluência desenvolvida ($r_c > d$ durante a maior parte do processo) fornece a seguinte avaliação da velocidade da propagação da trinca:

$$\dot{\ell}(t) = C_4 \left(\ell - \ell_0\right)^{1-\frac{m}{m+1}} C^{\frac{m}{m+1}} \left(\ell(t), t\right) \tag{5.31}$$

No período da fluência estacionária ($t > t_t$), esta expressão toma a forma

$$\dot{\ell}(t) = C_4 (\ell - \ell_0)^{1-\frac{m}{m+1}} C^{*\frac{m}{m+1}} (\ell(t)) \tag{5.32}$$

A constante "C_4" forma-se de maneira análoga à constante "C_3", e depende dos parâmetros materiais e constantes conhecidas (A, m, B, n, $\tilde{\sigma}_{yy}$ (o, n), I_n, d).

O procedimento mais complicado no caso intermediário (a solução assintótica de equação integral com núcleo composto) permite chegar à relação:

$$\dot{\ell}(t) = C_5 C^{\frac{m-2}{m-1}} (\ell(t), t) K_I^{\frac{2(n+1-m)}{n-1}} (\ell(t)) - C_6 C^{\frac{m}{m+1}} (\ell(t), t) \tag{5.33}$$

onde "C_5" e "C_6" são constantes do tipo "C_3", "C_4" (determinadas por parâmetros básicos do material). Esta estimativa é válida no caso de a zona da fluência ser significativa na maior parte do processo da propagação da trinca, mas não preenche toda a seção resistente ($d < r_c < \ell - \ell_0$).

Deve-se notar que as condições necessárias das estimativas (5.30), (5.33), (5.31) podem mudar durante um processo da propagação da trinca pelo crescimento da zona da fluência. Desse modo, o modelo explica as propriedades principais do fenômeno observadas experimentalmente. Geralmente, a propagação da trinca relativamente curta, ou sob carga relativamente baixa, é controlada pelo fator de intensidade de tensão. O aumento do comprimento da trinca e/ou da carga externa resulta em crescimento da zona da fluência. Com a zona da fluência localizada, porém, maior do que o parâmetro "d", tem-se a relação biparamétrica que

172

corresponde à correlação insatisfatória da taxa da propagação da trinca com parâmetro único (K_I ou C^*). No último estágio, que caracteriza-se por trinca longa e/ou carga alta, a propagação da trinca é controlada pela integral C^* (ou $C(t)$) da fluência. O papel relativo desses três estágios depende do material, da carga externa e da geometria do corpo com trinca.

A simulação numérica para casos particulares mostra que o modelo permite escolher corretamente a forma da lei da propagação da trinca, para o tratamento dos dados experimentais, e fornece estimativas apropriadas da integridade estrutural quando a falha ocorrer por propagação da trinca sob fluência. As previsões são mais exatas quando o tempo de nucleação da trinca (t_s) é conhecido. Nesse caso, o parâmetro "d" pode ser considerado como um parâmetro interno do modelo. Esse parâmetro é determinado pelo t_s e aplicado para avaliar a taxa da propagação da trinca.

Os resultados analíticos (5.30), (5.31), (5.33) são convenientes apenas para a análise qualitativa. Para aplicação destes, no projeto, é necessário descrever o processo de propagação da trinca em termos de $\ell(t)$ ("comprimento da trinca *versus* tempo"). A integração das equações diferenciais obtidas nem sempre pode ser desenvolvida analiticamente, além disso, as fórmulas (5.30), (5.31), (5.33) apresentam os casos particulares e a transmissão de um a outro, na realidade, não ocorre imediatamente. Para objetivos de simulação do processo é mais adequado o procedimento numérico de passar ao tempo, que utiliza a equação cinética do dano, a avaliação da zona da fluência e as assintóticas de tensão na zona elástica e na zona da fluência e calcula a evolução do dano no sistema dos pontos críticos. Quando o critério da fratura local é obedecido no primeiro ponto crítico, o comprimento da trinca aumenta pelo passo da rede e o procedimento continua em seção restante.

5.5 Tensão nas vizinhanças da ponta da trinca

As estimativas apropriadas da velocidade de propagação subcrítica da trinca sob fluência foram obtidas utilizando-se a formulação não acoplada do problema de contorno e o critério do dano crítico na área próxima a ponta da trinca (5.3). O estado desta área de tamanho "d" não foi considerado pelo fato de não ter resistência à propagação da trinca. Esta zona é caracterizada pela significativa concentração das falhas microestruturais, que impedem a análise correta do estado de tensão e deformação em formulação não acoplada. Tal análise foi desenvolvida, contando a influência do dano acumulado nas relações físicas (Astaf'ev, Grigorova & Pastukhov, 1991).

A formulação acoplada do problema de contorno para corpo com trinca é representada por equações de equilíbrio:

$$\partial\sigma_{ij} / \partial x_i = 0 \tag{5.34}$$

relações geométricas e físicas:

$$\dot{\varepsilon}_{ij} = \frac{1}{2}\left(\frac{\partial\dot{u}_i}{\partial x_j} + \frac{\partial\dot{u}_j}{\partial x_i}\right) = \frac{3}{2}B\left(\frac{\sigma_e}{\Psi}\right)^{n-1}\frac{S_{ij}}{\Psi} \tag{5.35}$$

e equação cinética do dano ("continuidade"):

$$\dot{\Psi} = -A\left[\frac{\sigma_e}{\Psi}\right]^m, \qquad \Psi(t=0) = 1 \tag{5.36}$$

Note-se, que no caso particular $\Psi \equiv 1$ chega-se ao problema de contorno sem dano.

Considera-se uma trinca crescente ao longo do eixo x_1 com velocidade quase constante "V". O critério de propagação de trinca é $\Psi = 0$ na sua ponta. O problema está resolvido em coordenadas cartesianas com centro na ponta atual da trinca. A derivada pelo tempo nesse caso é:

$$d / dt = \partial / \partial t - v\partial / \partial x_1$$

ou utilizando as coordenadas polares no plano $0x_1 x_2$:

$$\frac{d}{dt} = \frac{\partial}{\partial t} - V\left(\cos\Psi\frac{\partial}{\partial r} - \frac{1}{r}\mathrm{sen}\,\Psi\frac{\partial}{\partial\Psi}\right) \tag{5.37}$$

As condições iniciais para a distribuição de tensão em material danificado é evidentemente a assintótica "HRR", obtida para material sem dano:

$$\sigma_{ij} = \left(\frac{C^*}{BI_n r}\right)^{\frac{1}{n+1}} \tilde{\sigma}_{ij}(n, \theta) \tag{5.38}$$

As condições de contorno são a superfície da trinca livre de tensão

$$\sigma_{ij}\ n_j\ |_{\theta = \pm\pi} = 0$$

(n_j são os componentes do versor normal à superfície).

A análise assintótica desenvolvida separadamento para problemas planos (tensão plana, deformação plana) e antiplanos mostra que o campo de tensão nominal ("físico") não é singular em material com influência do dano no estado tensão/deformação. A solução para o parâmetro da continuidade e para os componentes de tensão tem supostamente a forma $r^{\alpha}f(\theta)$. O índice "α" é determinado analiticamente pela solução do problema de autovalor. Para o termo principal em apresentação assintótica de continuidade "Ψ" e tensão σ_{ij} o índice "α" tem o valor $\alpha = +1$. Respectivamente, a assintótica, de tensão efetiva σ_{ij}/Ψ é uma constante independente da distância "Γ":

$$\Psi = r\kappa^{n}\left[\frac{C^{*}}{BI_{n}}\right]^{\frac{n}{n+1-m}}\left[\frac{A}{v}\right]^{\frac{n+1}{n+1-m}} f_{\Psi}(\theta) \tag{5.39}$$

$$\frac{\sigma_{ij}}{\Psi} = \kappa\left[\frac{AC^{*}}{vBI_{n}}\right]^{\frac{1}{n+1-m}} f_{ij}(\theta) \tag{5.40}$$

onde κ é um fator indeterminado. A solução para as funções $f(\theta)$ foi desenvolvida pelo método numérico ao passar pelo ângulo polar. Esta solução mostra que para "r" pequeno, a continuidade "Ψ" e a tensão chegam ao zero já para $\theta = \pi/2$. Isso significa que, na ponta da trinca, a sua superfície tem assintótica normal ao eixo x_{1} (eixo da trinca). Essa conclusão sobre a forma do fim da trinca é mais natural que a do modelo de Dugdale (a trinca de tração em corpo fino elástico-plástico ideal), item 3, devido ao modelo mais natural de material, pelo menos nas proximidades da ponta da trinca.

A análise do estado de tensão e deformação em corpo com trinca na formulação acoplada do problema de contorno não fornece ainda, uma estimativa para a velocidade de propagação da trinca. Evidentemente, esta avaliação deve satisfazer as condições de conjugar de modo contínuo a assintótica nas proximidades da ponta da trinca com a solução longe da trinca onde "Ψ" tende para 1 (a solução do problema sem dano). A modelagem de propagação da trinca, baseada na formulação acoplada, promete uma previsão mais exata desse processo. Provavelmente, esse problema complicado pode ser resolvido somente por métodos numéricos, por exemplo, analisando-se a evolução da tensão e do dano pelo método dos elementos finitos ao passar pelo tempo e pelo comprimento da trinca. As investigações pelo método de elementos finitos, utilizando as diversas teorias do dano, fornecem as mesmas conclusões sobre a forma do fim da trinca em material elástico-plástico (Chow & Lu, 1992).

5.6 Referências bibliográficas

1 ASTAF'EV, V. I. Description of fracture process under creep. *Mechanics of Solids*, v.21, n.4, p.171-6, 1986.

2 ASTAF'EV, V. I., GRIGOROVA, T. V., PASTUKHOV, V. A. Influence of continuum damage on stress distribution near the tip of a growing crack under creep conditions. In: Proc. 2nd International Colloquium on Mechanics of Creep Brittle Materials, U.K., Leicester, Set. 1991. *Elsevier Applied Science*, A. C. F. COCKS, A. R. S PONTER (Eds.) London, N.Y.: p. 49-61.

3 ASTAF'EV, V. I., PASTUKHOV, V. A. Modelling of subcritical creep crack growth. Part I. Statement of the problem. *Problems of Strength*, v.23, n.5, p.489-92, 1992a.

4 ASTAF'EV, V. I., PASTUKHOV, V. A. Modelling of subcritical creep crack growth. Part II. Kynetics of crack growth. *Problems of Strength*, v.23, n.5, p.493-6, 1992b.

5 BOYLE, J. T., SPENCE, J. *Stress Analysis for Creep*. Butterworth, 1983.

6 CHABOCHE, J. L. Anisotropic creep damage in the framework of continuum damage mechanics. *Nuclear Engineering and Design*, v.79, p.309-19, 1994.

7 CHOW, C. L., WANG, J. An anisotropic theory of elasticity for continuum damage mechanics. *International Journal of Fracture*, v.33, p.3-16, 1987.

8 CHOW, C. L., LU, T. J. A comparative study of continuum damage models for crack propagation under gross yielding. *International Journal of Fracture*, v.53, p.43-75, 1992.

9 CHRZANOWSKI, M., DUSZA, E. Creep crack propagation in terms of continuous damage mechanics. In: *Proc. of 3rd IUTAM Symp. on Creep in Structures*, UK: Leicester, 1980; Berlin: Springer, 1981.

10 DUNNE, F. P. E., HAYHURST, D. R. Continuum damage based constitutive equations for copper under high temperature creep and cyclic plasticity. *Proc. R. Soc. Lond.*, A-437, p.545-66, 1992.

11 FLOREEN, S. Creep crack growth. In: *Proc. 27th Sagamore Army Mater. Res. Conf.*, New York, p.145-62, 1983.

12 HASHIMOTO, T. M. *Fadiga cíclica de aço bifásico de baixo carbono*. Guaratinguetá, 1989. Tese (Doutorado) - Universidade Estadual Paulista.

13 KACHANOV, L. M. Time to rupture process under creep conditions. *Izv. Akad. Nauk SSR, Otdel Tehn. Nauk*, v.8, 1958.

14 _____. *Introduction to Continuum Damage Mechanics*. The Netherlands: Martinus Nijhoff, 1986.

15 LECKIE, F. A., ONAT, E. T. Tensorial nature of damage measuring internal variables. In: *Proc. of 3rd IUTAM Symp. on Creep in Structures*. UK: Leicester, 1980, Berlin: Springer, p.140-60, 1981.

16 LEMAITRE, J. Coupled elasto-plasticity and damage constitutive equations. *Computer Methods in Applied Mechanics and Engineering*, v.51, p.31-49, 1985.

17 LEMAITRE, J. Local approach of fracture. *Engineering Fracture Mechanics,* v.25, n.5/6, p.523-37, 1986.
18 MINER, M. A. Cumulative damage in fatigue. *ASME, Journal of Applied Mechanics,* v.12, p.A159-A164, 1945.
19 MURARAMI, S., OHNO, N. A continuum theory of creep and creep damage. ln: *Proc. of 3rd IUTAM Symp. on Creep in Structures.* UK: Leicester, 1980, Berlin: Springer, 1981, p.422-44.
20 OHTANI, R. Finite element analysis and experimental investigation of creep crack propagation. In: *Proc. of 3rd IUTAM Symp. on Creep in Structures.* UK: Leicester, 1980; Berlin: Springer, p.542-64, 1981.
21 PASTUKHOV, V. A. *Propagação subcrítica da trinca à fluência.* Rússia, 1987. Tese (Doutorado) - Universidade Federal de Kuibyshev.
22 RABOTNOV, YU. N. On a mechanism of delayed failure. In: *Problems of Strength of Materials and Structures,* Akad. Nauk SSR, 1959.
23 _____. *Creep Problems in Structural Members.* North Holland, 1969.
24 RIEDEL, H. Creep deformation of a crack tip in elastic-viscoplastic solids. J. *Mech. and Phys of Solids,* v.29, n.1, p.35-49, 1981.
25 SADANANDA, K., SHAHINIAN, P. Creep crack growth behaviour of several structural alloys. *Met. Trans.,* A14, n.7-12, p.1467-80, 1983.
26 VAN LEEUWEN, H. P. The application of fracture mechanics to creep crack growth. *Engineering Fracture Mechanics,* v.9, n.4, 1979.

6 Conclusões

Como formulado no Prefácio, nossa finalidade foi contribuir para o entendimento do aspecto mecânico do fenômeno da fratura, explicar a origem e a aplicação das concepções e dos parâmetros utilizados à análise da integridade estrutural. Por isso, o presente trabalho não é um código de instruções para o cálculo em diversas situações, atualmente ainda não há possibilidades de se desenvolver tal código de maneira bastante clara e completa. Em geral, na solução dos problemas modernos de engenharia, o mais importante não é a capacidade de seguir as instruções, mas a habilidade de escolher ou desenvolver o modelo adequado e, assim, analisá-lo de modo seguro e racional.

No nosso caso, uma tentativa de completar essa revisão teórica, por meio de muitos exemplos práticos, poderia aumentar demasiadamente esse volume e apenas dificultar o estudo necessário dos fundamentos apresentados. Uma coleção de exemplos, que mostram a aplicação de elementos da mecânica da integridade estrutural em engenharia, usará, por necessidade, as referências aos trabalhos fundamentais e será preparada após esta publicação.

Porém, algumas observações parciais, relacionadas às particularidades de fratura em diversos materiais estruturais e a aplicação de critérios de fratura local e total, foram incluídas ainda nesta revisão.

6.1 Observações relacionadas a diversos materiais estruturais

A mecânica da integridade estrutural desenvolvida com base no modelo de material contínuo e isotrópico é orientada, principalmente, aos materiais metálicos convencionais com uma estrutura granular fina e aleatória. A seguir, serão revisadas as particularidades de sua aplicação para alguns outros tipos de materiais estruturais.

Metais

A fabricação de metais por alguns processos tecnológicos modernos, como, por exemplo, da metalurgia de pó, pode induzir a anisotropia nas propriedades mecânicas. Os problemas anisotrópicos da fratura são desconsiderados no curso básico. Geralmente, os conceitos apresentados, seus critérios e modelos de fratura para o material isotrópico, podem ser generalizados e aplicados aos metais anisotrópicos. A anisotropia complica consideravelmente a análise de tensão e deformação em elementos estruturais. Além disso, a direção da propagação da trinca pode ser prevista a partir da simetria do corpo e do carregamento apenas em alguns casos.

Nas condições de alta temperatura, típicos para as estruturas modernas da indústria petroquímica, aeronáutica e da geração de energia, as ligas metálicas de alta resistência mostram propriedades significantemente não lineares e, frequentemente, com dependência do tempo. Nesse caso a análise da integridade estrutural baseia-se em hipóteses e parâmetros da mecânica não linear da fratura. O fenômeno da fluência geralmente deve ser considerado, e a teoria do dano contínuo adquire uma grande importância.

Cerâmicas

Os materiais estruturais cerâmicos são produzidos dos óxidos dos metais. Esses materiais têm geralmente durabilidade e resistência muito altas. Devido ao limite de escoamento alto e à pequena capacidade de deformação, a cerâmica é, normalmente, considerada como um material absolutamente rígido ou elástico-linear, sem capacidade de deformação irreversível. Isso facilita a formulação dos problemas e o fator de intensidade de tensão passa a ter um papel importante na solução dos problemas da integridade estrutural. As dificuldades são relacionadas aos fenômenos da fratura lenta e retardada, especialmente sob temperatura elevada. As ferramentas da mecânica linear (clássica) da fratura são insuficientes para descrever todas as propriedades observadas nesses processos. Nessa situação, para o cálculo da integridade estrutural, podem ser aplicados parâmetros adicionais, introduzidos artificialmente para uma melhor aproximação aos dados experimentais.

As dificuldades na investigação da integridade das estruturas cerâmicas são causadas por uma complicada composição química. Muitas das cerâmicas são materiais multifásicos. As ações externas (condições ambientais, temperatura e trabalho mecânico) podem influenciar o estado fásico desses materiais. Isso resulta em alteração das propriedades mecânicas, inclusive de resistência à fratura. Frequentemente os processos de transformações fásicas não são uniformes (depende dos campos de tensão, temperatura etc.) e não estão acompanhados por uma mudança significativa da resistência à deformação. Os métodos dos ensaios microestruturados são mais importantes nesses casos do que a investigação dos parâmetros mecânicos. Portanto, o desenvolvimento teórico da mecânica da integridade das estruturas cerâmicas é esperado principalmente nos limites da mecânica do dano contínuo. Os parâmetros internos aplicados para descrever a diversidade das propriedades locais pelos métodos mecânicos (contínuos) devem refletir corretamente os processos microestruturais observados. Na ausência destes estudos mais detalhados e métodos mais exatos, a avaliação da integridade adquire uma aplicação maior de métodos probabilísticos.

Polímeros

As propriedades mecânicas dos polímeros (como a resistência à deformação e a resistência à fratura) são muito diferentes das propriedades dos materiais metálicos e cerâmicos. Estas diferenças são determinadas pela microestrutura específica dos materiais orgânicos com moléculas longas e desenvolvidas. A redistribuição das forças mecânicas nessa microestrutura ocorre lentamente e a reação (geralmente reversível) ao carregamento externo é descrita pelo modelo do meio viscoelástico com relações integrais entre tensão e deformação.

Os processos da fratura em tais materiais são também predominantemente subcríticos e, algumas vezes, reversíveis. As soluções assintóticas da mecânica linear da fratura são generalizadas para o material viscoelástico linear, cujo comportamento mecânico é descrito pelas relações físicas integrais com um núcleo linear. O parâmetro principal na mecânica da fratura do corpo viscoelástico linear é o fator de intensidade de tensão. Esse caso inclui a maioria dos problemas atuais da integridade das estruturas denominadas plásticos.

Em casos especiais do comportamento mecânico e, especificamente, quando envolve as complicações na resistência à fratura, não há uma teoria desenvolvida com critérios universais. Para tanto, diversos critérios parciais baseados nos parâmetros fenomenológicos auxiliares são utilizados. A modelagem matemática dos processos da fratura baseia-se na solução geral do problema de contorno e nos critérios diversos da fratura local. As previsões normalmente não são tão exatas como em mecânica da fratura dos metais. Deve-se destacar que as pesquisas experimentais também mostram uma dispersão maior dos parâmetros macromecânicos. Esse fenômeno é explicado pelas particularidades da microestrutura dos polímeros.

Compósitos

Os materiais estruturais compostos foram criados recentemente para aplicações especiais, como, por exemplo, na indústria aeroespacial e automobilística. Geralmente, têm uma alta capacidade de carga de tipo determinado e a densidade relativamente baixa. O termo "compósitos" ou "compostos" significa que esses materiais são construídos por vários componentes, por isso existe uma grande variedade de materiais compostos com particularidades na composição, na estrutura e nas propriedades mecânicas. É possível destacar alguns tipos principais de compostos em relação aos problemas da integridade estrutural.

O primeiro tipo, mais próximo dos metais, são os compósitos com uma matriz metálica e as inclusões de orientação aleatória. Na escala dos elementos estruturais, tais materiais podem ser considerados como quase homogêneos. A presença das inclusões, frequentemente cerâmicas, altera alguns parâmetros do comportamento mecânico, comuns para os metais básicos. As soluções dos problemas mecânicos podem ser aplicadas diretamente e o estudo do estado tensão/deformação não é acompanhado por dificuldades adicionais. Entretanto, os micromecanismos de fratura em material fortalecido pelas inclusões podem ser muito diversos. Isto dificulta a formulação dos critérios adequados de fratura, determinando o interesse cada vez maior em pesquisas microestruturais.

A orientação determinada das microinclusões torna o material anisotrópico e o estudo da integridade estrutural, nesse caso, baseia-se nos métodos convencionais da mecânica dos compósitos com microinclusões e da mecânica dos sólidos anisotrópicos.

Outros compósitos com esse tipo geométrico de composição são os compósitos com matriz (componente principal) de um polímero e as inclusões não orgânicas. As inclusões, normalmente, aumentam a resistência à deformação causada por compressão, mas o comportamento sob tração depende significativamente da conexão entre a matriz e a inclusão. Supõe-se, frequentemente, que na condição de tração, não há absolutamente conexão entre o material polimérico e as inclusões. Nesse caso a área transversal efetiva é determinada excluindo-se as inclusões. Deve-se notar que esse tipo de compósito, substitui os polímeros tradicionais quando em operação, principalmente, sob compressão. Nessas condições o modo principal da falha estrutural caracteriza-se por uma deformação inadmissível e o projeto é executado por métodos convencionais da mecânica dos sólidos.

As dificuldades mais significativas aparecem quando os compostos passam a possuir componentes em escala de elementos estruturais. Nessas condições os materiais são construídos normalmente por uma matriz extremamente leve, com fibras de alta resistência ou por várias camadas com materiais diferentes. As diferenças das propriedades mecânicas entre os componentes do compósito determinam um comportamento mecânico fortemente anisotrópico. Os processos de fratura são, normalmente, caracterizados por micromecanismos diferenciados dentro dos vários componentes e nas suas interfaces. Isso determina as dificuldades na formulação e aplicação dos critérios de fratura baseados nos resultados dos ensaios microestruturais e macromecânicos. A conexão nas interfaces internas é um dos principais objetivos do estudo desses materiais, por interferir significativamente no comportamento mecânico e na resitência à fratura. Deve-se destacar que na investigação matemática dos problemas de contorno para materiais anisotrópicos, frequentemente, é necessário aplicar métodos numéricos avançados.

A mecânica dos compósitos é uma nova área científica que está em formação e em desenvolvimento e geralmente inclui os problemas da fratura e da integridade estrutural de forma bastante integrada. Esses problemas são caracterizados por uma grande variedade da geometria dos elementos estruturais, causada pelos tipos de trincas ou defeitos existentes e pela posição e orientação destes no material anisotrópico.

182

Embora a maioria dos materiais compostos sejam artificiais, existe um compósito natural bem conhecido: a madeira, que é um material significativamente anisotrópico, devido as camadas orientadas.

Concreto

O concreto que formalmente faz parte dos materiais compósitos pode, frequentemente, ser considerado como um material frágil, isotrópico, quase homogêneo. Isso é possível na escala dos elementos estruturais de concreto, muito maior que a escala da sua microestrutura, formada por cimento e por inclusões finas e mais grossas (areia e britas). O concreto reforçado por armaduras, normalmente metálicas; é um típico compósito anisotrópico.

As pesquisas das últimas décadas mostram que o concreto nem sempre pode ser considerado como material frágil, rígido ou elástico-linear. É observado também a fluência do concreto sob carga quase constante, que complica essencialmente o projeto estrutural.

Os problemas específicos da integridade estrutural estão ligados ao processo de fabricação. Esse processo é baseado na reação química entre o cimento e a água, que pode levar algumas dezenas de horas. A difusão da água na superfície do elemento altera a distribuição de umidade durante a reação química não isotérmica, que resulta em formação das tensões residuais, fornecidas pelo campo heterogêneo de temperatura. A análise da tensão residual em elementos estruturais é uma parte importante das pesquisas sobre integridade estrutural. Esta tensão pode aumentar ou diminuir a capacidade de determinada carga atuante. Algumas vezes, a própria tensão residual pode causar a nucleação de trincas e de falha estrutural.

6.2 Observações relacionadas aos critérios da fratura

Os diversos critérios da fratura foram apresentados, incluindo alguns bem conhecidos, utilizados como normas no projeto estrutural, e os avançados, relacionados às novas áreas da mecânica da integridade estrutural. Uma parte desses critérios tem característica global e define as condições de falha de um elemento estrutural. Os outros são os critérios de fratura local, ou seja, referem-se as condições da propagação da trinca.

Como foi destacado, não existe um critério universal, capaz de cobrir todos os problemas da fratura. A variedade de comportamento mecânico e de micromecanismos de fratura torna impossível a formulação de um critério de forma apropriada. Entretanto, uma generalização parcial a partir dos critérios elementares, que resulta em formulações multiparamétricas é utilizada em algumas áreas para automatizar o procedimento do cálculo estrutural em determinados limites (veja item 3.6).

Todos os critérios particulares têm uma área restrita de aplicação. Essas restrições são, geralmente, destacadas no texto e determinadas por razões teóricas relacionadas à validade dos parâmetros utilizados, e, por razões práticas. Por exemplo, o critério da tenacidade à fratura, formulado pelo fator de intensidade de tensão, tem fundamentos teóricos somente quando predomina a elasticidade linear, pois, aquele parâmetro se originou na solução do correspondente problema de contorno.

Os critérios formulados pela integral "J" e por outras integrais invariantes são relacionados às condições quando a invariância é provada e o parâmetro representa, na realidade, o estado de tensão e deformação nas vizinhanças da ponta da trinca. No uso de critérios baseados no balanço energético, a questão principal é considerar todas as fontes e as formas significativas da realização de energia. Já o uso de parâmetros internos adicionais, como na mecânica do dano contínuo, é baseado em hipóteses fundamentais e análise dos dados experimentais. A aplicação dos critérios de deformação, como o da abertura na ponta da trinca, não é relacionado aos procedimentos teóricos. O maior problema é a metodologia da medição dos parâmetros utilizados, tanto em condições de laboratório, como em condições reais.

As formulações dos critérios, feitas a partir de modelos teóricos, devem ser comprovadas rigorosamente em ensaios experimentais, cujo objetivo é determinar uma área segura de aplicação. Dessa maneira, a maioria das hipóteses lógicas e refinadas não encontram uma boa *performance*. No entanto, as outras hipóteses são adicionadas por rigorosos limites formulados por tipos de elementos estruturais, por carregamentos e por cifras marcando as faixas admissíveis dos parâmetros relacionadas à geometria, carga, temperatura etc. Geralmente, esses limites são muito mais restritos do que as formulações iniciais, mas, algumas vezes, uma boa correspondência aos dados experimentais é observada fora de fundamentos teóricos. Isso pode ser explicado por efeitos aleatórios existentes ou mostrar a necessidade de uma revisão da análise teórica. Nas necessidades práticas as ferramentas efetivas podem ser utilizadas até sem bases teóricas suficientes.

A busca dos parâmetros artificiais para melhor correlação dos dados experimentais é um dos caminhos importantes da pesquisa na área da integridade estrutural. Nem sempre o primeiro passo é dado a partir das conclusões teóricas. Um conceito puramente formal, apenas generalizando os dados conhecidos, pode chegar a bons resultados, convenientes para uso prático.

Em geral, o critério da fratura é apenas um dos elementos da análise da integridade estrutural. O caminho completo inclui: a investigação das propriedades básicas do material; a solução dos problemas de contorno; a formulação e verificação experimental do critério; o desenvolvimento da formalização dos procedimentos (padrões, normas) de uso prático em engenharia. O mais importante é que este elemento faz parte da teoria fundamental (mecânica dos sólidos) e da engenharia como um todo, ao mesmo tempo. O desenvolvimento das normas técnicas, garantindo a integridade e a segurança das estruturas é um trabalho que envolve o critério da fratura e demanda um bom conhecimento dos métodos teóricos existentes.

Nós consideramos o fenômeno da fratura principalmente do lado mecânico, mostrando o papel importante dos métodos precisos e abrangentes que são baseados na hipótese do meio contínuo. Com o conhecimento adquirido, uma vez apresentadas as bases teóricas, o engenheiro estará apto a escolher corretamente o modelo do material e o critério da integridade estrutural, para os casos particulares. A etapa seguinte é a determinação dos valores reais dos parâmetros necessários, divididos em dois tipos: as constantes do material e os parâmetros de carregamento e geometria.

Os parâmetros do primeiro grupo, são possíveis de se conseguir em manuais de materiais ou em informações fornecidas pelo fabricante. O conhecimento da natureza dessas constantes nos dá a possibilidade de se determinar os seus valores, quando a informação não está disponível.

Os parâmetros de carregamento e geometria, tais como o fator de intensidade de tensão, são funções multivariáveis. Estas funções para alguns elementos estruturais padronizados são publicadas em forma de tabelas ou aproximações em manuais correspondentes, além dos anais de congressos e das revistas especializadas.

Estas fontes não contêm as respostas para todos os casos possíveis de geometria e carregamento. Frequentemente, é necessário determinar as correspondentes funções reais, utilizando métodos analíticos ou numéricos. O conhecimento da formulação geral do problema e de sua solução para casos semelhantes, dado pela introdução à mecânica da integridade estrutural, serve de base para executar as pesquisas necessárias.

A evolução da técnica moderna se caracteriza pela criação de novos materiais estruturais, que suportem as complicações das condições ambientais e das situações originais de carregamento, que leva em consideração os novos problemas da integridade como uma parte necessária do cálculo estrutural. Para formular e resolver tais problemas no desenvolvimento de novos projetos industriais, de transporte etc. o engenheiro precisa conhecer as bases da mecânica da integridade estrutural clássica e moderna, além de estudar mais profundamente determinadas áreas específicas.

Anexo
Alguns fatores de intensidade de tensão

1 *Plano sob tração, normal à superfície da trinca:*

$K_I = \sigma\sqrt{\pi\ell}$

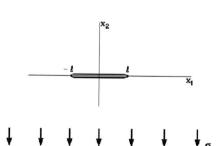

onde "σ" é a tensão uniforme aplicada no infinito, "ℓ" é a metade do comprimento da trinca.

2 *Semiplano sob tração, normal à superfície da trinca lateral:*

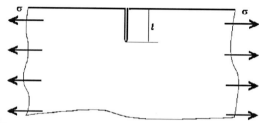

$K_i = 1{,}12\sigma\sqrt{\pi\ell}$

onde "σ" é a tensão uniforme aplicada no infinito, "ℓ" é o comprimento da trinca.

3 *Chapa sob tração, normal à superfície da trinca lateral:*

$$K_I = \sigma\sqrt{\ell}(1,99 - 0,41\lambda + 18,7\lambda^2 - 38,48\lambda^3 + 53,83\lambda^4)$$

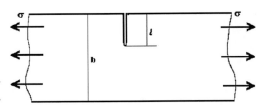

$\lambda = \ell/b;\ \lambda \leq 0,7$

onde "σ" é a tensão uniforme distante da trinca, "ℓ" é o comprimento da trinca, "b" é a largura da chapa.

4 *Chapa sob tração, normal à superfície da trinca central:*

$$K_I = \sigma\sqrt{\pi\ell}\,Y(\lambda);\quad \lambda = \ell/b$$

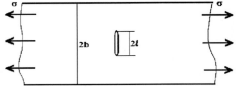

onde "σ" é a tensão uniforme distante da trinca, "ℓ" é a metade do comprimento da trinca, "b" é a metade da largura da chapa.
Para função adimensional Y existem as seguintes aproximações:

$$Y = (1,77 + 0,454\lambda - 2,04\lambda^2 + 21,6\lambda^3)/\sqrt{\pi} \quad (\lambda < 1)$$

$$Y = \sqrt{\frac{\text{tg }\pi\lambda}{\pi\lambda}} \quad (\lambda \leq 0,45)$$

$$Y = \sqrt{\sec \pi\lambda} \quad (\lambda \leq 0,4)$$

5 *Chapa sob tração, normal às superfícies das duas trincas laterais simétricas:*

$$K_I = \sigma\sqrt{\pi\ell}\,Y(\lambda);\quad \lambda = \ell/b$$

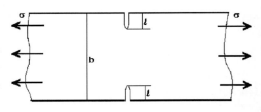

onde "σ" é a tensão uniforme distante da trinca, "ℓ" é o comprimento da trinca, "b" é a largura da chapa. Para função adimensional Y existem as seguintes aproximações:

$$Y = \sqrt{\frac{\operatorname{tg} \pi \lambda + 0,1\sin \pi\lambda}{\pi\lambda}} \qquad (\lambda \le 0,4)$$

$$Y = 1,98 + 0,72\lambda - 8,48\lambda^2 + 27,36\lambda^3 \qquad (\lambda < 1)$$

6 *Espécime compacto de tração (compact tension specimen)*:

$$K_I = \frac{P\,Y}{t\sqrt{b}}$$

onde "P" é a força de tração, "ℓ" é o comprimento da trinca, "b" é a largura do corpo, $\lambda = \ell/b$ e "t" é a espessura do corpo. As aproximações conhecidas para função adimensional Y:

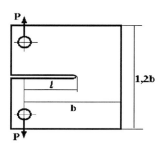

$$Y = \sqrt{\lambda}\left(29,6 - 185\lambda + 655\lambda^2 - 1017\lambda^3 + 639\lambda^4\right) \qquad (0,2 \le \lambda < 1);$$

$$Y = \frac{2+\lambda}{(1-\lambda)^{3/2}}\left(0,886 + 4,64\lambda - 13,32\lambda^2 + 14,72\lambda^3 - 5,6\lambda^4\right) \qquad (0 < \lambda \le 0,8)$$

7 *Flexão entre três pontos:*

$$K_I = \frac{3\,P\,s\sqrt{\lambda}\left[1,99 - \lambda(1-\lambda)\left(2,55 - 3,93\lambda + 2,7\lambda^2\right)\right]}{2\,t\,b^{3/2}(1+2\lambda)(1-\lambda)^{3/2}}$$

"P" é a força externa, "ℓ" é o comprimento da trinca, "b" é a largura do corpo, $\lambda = \ell/b$, "t" é a espessura do corpo e "s" é a distância entre apoios.

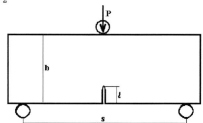

8 *Trinca central sob pressão interna*:

$$K_I = p\sqrt{\pi\ell}\,Y(\lambda); \quad \lambda = \ell/b$$

onde "p" é a pressão aplicada e as aproximações para função Y são as apresentadas no item 4.

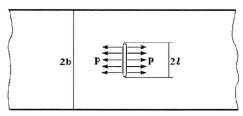

9 *Trinca carregada pelas forças de tração no centro da sua superfície:*

$$K_I = \frac{P}{\sqrt{\pi \ell}}$$

onde "P" é a força, "ℓ" é a metade do comprimento da trinca.

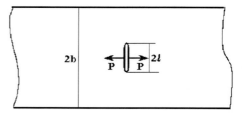

10 *Trinca carregada, de um lado, pela força de tração no centro da sua superfície e, de outro lado, pela tensão uniforme no contorno distante da trinca:*

$$K_I = \left(\frac{\sigma \sqrt{\pi\, l}}{2} - \frac{P}{2\sqrt{\pi \ell}} \right) Y(\lambda)$$

onde "P" é a força, "ℓ" é a metade do comprimento da trinca e as aproximações para função Y são as apresentadas no item 4.

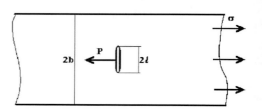

11 *Trinca ao lado de um furo circular sob tração uniforme "σ":*

("a" é o comprimento da trinca, "R" é o raio do furo e $\lambda = a/(a + R)$):

$$K_I = \sigma \sqrt{\pi\, a}\, Y(\lambda)$$

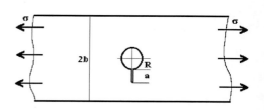

Os valores do fator corretivo $Y(\lambda)$, podem ser interpolados a partir da tabela:

λ	0	0,2	0,4	0,6	0,8	1
Y	3,365	2,2	1,4	1,0	0,75	$1/\sqrt{2}$

12 *Duas trincas simétricas nos lados do furo circular sob tração uniforme "σ":*

("a" é o comprimento da trinca,
"R" é o raio do furo, $\lambda = a/(a+R)$).
Para $\lambda > 0,3$ considera-se tal como
no item 4, substituindo $\ell = a + R$

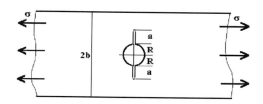

13 *Trinca logitudinal num tubo de parede fina sob pressão interna "p":*

$$K_I = f\sigma_p\sqrt{\pi a}, \qquad \sigma_p = \frac{pr}{t}$$

onde "r" é o raio do tubo, "t" é a espessura, "a" é a metade do comprimento da trinca e o fator corretivo "f" reflete o efeito da flexão nas superfícies da trinca:

$$f = \sqrt{1 + 1,255\frac{a^2}{rt} - 0,0135\frac{a^4}{r^2 t^2}}$$

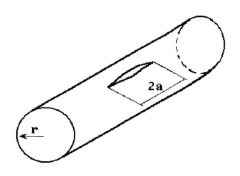

14 *Entalhe circunferencial num cilindro do diâmetro "D":*
("d" é o diâmetro da parte contínua e $\lambda = 1-d/D$ é a profundidade relativa do entalhe)

Tração devida às forças distantes "P":

$$K_I = \frac{P}{d^2\sqrt{\pi D}}$$

Flexão devida ao momento "M":

$$K_I = \frac{6M\sqrt{\lambda}}{D^2\sqrt{D}}\left(2,45 - 3,28\lambda + 5,55\lambda^2\right),$$

$(0,2 \leq \lambda \leq 0,8)$

Torção devida ao torque "T":

$$K_{III} = \frac{6T\sqrt{\lambda}(0,375 + 0,75\lambda - 0,125\lambda^2)}{D^2\sqrt{2\pi D}(1-\lambda)^{5/2}}$$

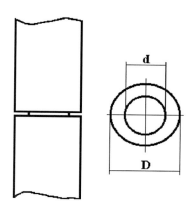

15 *Trinca elíptica sob tração*:

$$K_I = \frac{\sigma\sqrt{\pi a}}{\Phi_0}\left(\operatorname{sen}^2\beta + \frac{a^2}{c^2}\cos^2\beta\right)^{1/4},$$

$$\Phi_0 = \int_0^{\pi/2} \sqrt{1-\left(1-\frac{a^2}{c^2}\right)\operatorname{sen}^2}\ d$$

onde "a" e "c" são semieixos da elipse e "σ" é tensão uniforme de tração. Para trinca circular a = c, a equação para o fator de intensidade de tensão toma a forma:

$$K_I = 2\sigma\sqrt{\frac{a}{\pi}}$$

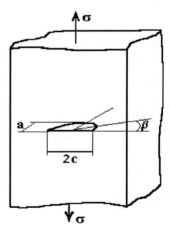

16 *Trinca fina superficial semielíptica sob tração:*

$$K_I = 1,12\sigma\sqrt{\frac{\pi a}{Q}}, \qquad Q = \Phi_0^2$$

onde "a" é a profundidade; "2c" é o comprimento da trinca, "σ" é tensão uniforme de tração. A integral elíptica Φ_0 é a introduzida no item 15.

SOBRE O LIVRO

Coleção: Ciência & Tecnologia
Formato: 16 x 23 cm
Mancha: 28 x 47 paicas
Tipologia: NewCentury 10/14
Papel: Off-set 75 g/m^2 (miolo)
Cartão Supremo 250 g/m^2 (capa)
1ª edição: 1995
1ª reimpressão: 2012

EQUIPE DE REALIZAÇÃO

Produção Gráfica
Sidnei Simonelli (Gerente)
Edson Francisco dos Santos (Assistente)

Edição de Texto
Fábio Gonçalves (Assistente Editorial)
Fábio Gonçalves (Preparação de Original)
Fábia Cristina Vieira Machado (Revisão)
Casa de Ideias (Atualização Ortográfica)

Editoração Eletrônica
Casa de Ideias (Diagramação)

Projeto Visual
Lourdes Guacira da Silva

Impressão e acabamento